本书获国家社会科学基金项目（19BJL039）和绍兴市重点文化创新团队——绍兴市文化产业多语种跨境电商创新团队资助

数字经济背景下
农业生态协作系统绩效评价
及实现路径研究

杨小平　易加斌◎著

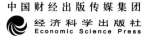

中国财经出版传媒集团
经济科学出版社
Economic Science Press

图书在版编目（CIP）数据

数字经济背景下农业生态协作系统绩效评价及实现路
径研究/杨小平，易加斌著 . -- 北京：经济科学出版
社，2025.5. -- ISBN 978 - 7 - 5218 - 6865 - 4

Ⅰ. S181. 6

中国国家版本馆 CIP 数据核字第 2025RY9313 号

责任编辑：张　蕾
责任校对：齐　杰
责任印制：邱　天

数字经济背景下农业生态协作系统绩效评价及实现路径研究

SHUZI JINGJI BEIJING XIA NONGYE SHENGTAI XIEZUO XITONG JIXIAO

PINGJIA JI SHIXIAN LUJING YANJIU

杨小平　易加斌　著

经济科学出版社出版、发行　新华书店经销

社址：北京市海淀区阜成路甲 28 号　邮编：100142

应用经济分社电话：010 - 88191375　发行部电话：010 - 88191522

网址：www. esp. com. cn

电子邮箱：esp@ esp. com. cn

天猫网店：经济科学出版社旗舰店

网址：http: //jjkxcbs. tmall. com

固安华明印业有限公司印装

710×1000　16 开　13.5 印张　250000 字

2025 年 5 月第 1 版　2025 年 5 月第 1 次印刷

ISBN 978 - 7 - 5218 - 6865 - 4　定价：95.00 元

（图书出现印装问题，本社负责调换。电话：010 - 88191545）

（版权所有　侵权必究　打击盗版　举报热线：010 - 88191661

QQ：2242791300　营销中心电话：010 - 88191537

电子邮箱：dbts@ esp. com. cn）

前　言

数字经济时代利用数字技术重构基于价值共创共享的农业协作生态系统，业已成为落实乡村振兴和可持续发展战略的重要举措。我国幅员辽阔，东中西部地区农村差异明显。数字经济提升各地农业协作生态系统绩效面临价值共创共享、生态环境保护、人文习俗传承和技术创新培育等机制异质性问题，存在重经济绩效轻人文、环境和技术绩效，重局部绩效轻综合绩效，重短期绩效轻长期绩效的现象。在数字经济和乡村振兴战略背景下，综合经济、环境、人文和技术因素对农业协作生态系统绩效进行评价研究，防止各地千篇一律地简单复制数字技术改造农业生态系统模式。

本书以数字经济背景下农业协作生态系统绩效建设为突破口，重点研究国内外数字经济提升农业协作生态系统绩效的不同模式、演化轨迹、空间差异、绩效形成动因与关键要素、绩效评价指标体系、动态评价模型、绩效提升路径、推进机制和保障机制。通过本书的研究，得出了如下研究结论：一是数字经济背景下农业数字化转型受到宏观层面的国家创新驱动、中观层面的产业创新驱动和微观层面的企业创新驱动等多重因素的驱动，是一个生产数字化与消费数字化集成的农业生态及商业生态全价值链开放闭环系统，包括数字农业经济循环系统和价值链主体协同机制两大体系，并由此形成农业数字化转型的三大战略模块。二是数字经济提升农业协作生态系统绩效，呈现出农业协作生态系统主体通过协同创新驱动价值共创并提升农业协作生态系统的内在机理，包含开拓期、扩展期、领导期三个阶段，形成全生命周期内的商业生态系统创新过程。其中，基于成本管控、风险识别与控制、污染治理和农产品品质提升等要素的价值共创是数字经济背景下农业协作生态系统参与企业形成 CBE 有机体系统的重要桥梁和核心枢纽。三是数字经济提升

— 1 —

农业协作生态系统的绩效包含经济效益、环境效益、社会人文效益和环境绩效多维指标，呈现出动态发展的演化过程。实证研究结果表明，首先，在农业协作生态系统绩效演进过程中，通过工艺改进、进度管控、减少浪费、流程再造等方式，提升生产效益，改造企业经营管理水平，提高先进制造能力和科技创新能力，实现产品智能化、服务升级、增强市场竞争力。其次，数字农业应用创新的快速发展可能导致数字技术研发出现瓶颈，因此要重视数字技术发展，增强 CBE 思维能力，加大技术要素的投入力度，进而能促进数字农业协作生态系统全要素生产效率的增长。最后，数字农业协作生态系统的生产效率变化具有明显的波动性。当技术进步有力地推动全要素生产率增长时，就会出现技术效率下降对全要素生产率增长的不利影响。四是数字经济提升农业协作生态系统绩效，呈现出数字经济与农业协作生态系统、农业协作生态系统内部各要素两个层次相互耦合的互融共生模式，形成多维路径的驱动机制。五是数字经济提升农业协作生态系统绩效的实施，要构建"政策—技术—市场—管理"的四位一体保障机制。其中，政策保障包括加强对农业企业的政策扶持力度、加大农村数字基础设施建设的政策支持、完善培育农业人才和新型经营主体的配套政策。数字技术创新保障包括：营造良好的数字技术创新环境、推动数字技术和农业农村的深度融合、强化农业数字技术的协同攻关与创新。市场主体多元协作保障包括：不同地区农业产业链的协作、农业产业链上下游企业之间的协作、政府—高校—科研机构—企业之间的产学研协作、农业协作生态系统与数字经济其他主体的协作。组织管理保障包括：充分发挥政府的引导和指导作用、大力提升农业生产经营主体的管理能力、推进高校与科研机构等协作生态系统主体的管理机制建设。

本书对数字经济背景下提升农业生态协作系统绩效的内在机理进行了探究，归纳数字经济提升相关绩效的维度、作用机理与影响等，完善了企业生态系统理论相关研究；构建综合评价指标体系反映数字经济提升农业协作生态系统的绩效，推动协作生态系统绩效评价的量化研究，丰富了企业生态系统的绩效评价方法；聚焦农业数字化转型，探索数字经济提升农业综合绩效的实现路径、推动机制与保障机制，丰富了农业数字化转型的相关研究，为农业数字化转型实践提供了理论基础。在实践上，通过归纳总结国内数字经济提升农业绩效相关案例的经验，提炼数字经济提升农业生态协作系统绩效的关键要素，有利于指导当前农业数字化转型实践；构建了衡量数字经济提升农业绩效的指标体系，为评价农业数字化转型实践提供了较为全面、系统的工具，科学指导农业数字化转型实践。

目 录
Contents

| 第 1 章 |

绪论

1.1 研 究 背 景

1.1.1 理论背景

生态协作系统起源自产业链协作（supply chain）理论，在融合社交网络理论后发展建立的企业生态理论体系，数字经济时代进一步丰富了其理论内涵，凸显其"协作"的核心特征与"可持续性"影响。

供应链协作（supply chain collaboration）相关实践起源于 20 世纪 80 年代，宝洁公司（P&G）在其经营实践中逐渐形成了自动化供应链管理系统，随后宝洁公司将其向下游经销商与销售商推广以使双方获利。供应链管理打破了原有企业的边界，同时凸显了供应链内部企业协同的重要性。处于同一供应链的企业通过分工与协同合作的形式提升整体竞争力，确立企业自身的竞争优势。托马斯（D. Thomas）最早提出供应链协作管理概念，强调通过对供应链上下游企业之间的关系进行协调，使供应链上各成员企业作为整体一致对外，以便能迅速地响应市场需求，为供应链上成员企业创造更多的利润。随着互联网信息技术的不断发展，供应链伙伴间的协作获得了更多技术支持，也出现了一系列新的供应链协作的理念与方法，例如供应商管理库存（vendor managed inventory，VMI）、联合库存管理（jointly managed inventory，JMI）、协同式供应链库存管理（collaborative planning forecasting and replenishment，CPFR）等。供应链协作相关概念使得单一的企业竞争转变为供应链网络竞争，目的就是通过协同化的管理策略使供应链各节点企业减少冲突和内耗，更好地进行分工与合作。

社会网络理论（social network theory）由来已久，1908 年社会学家齐美尔提出"网络"概念，此后成为社会学领域学者分析群体关系的研究视角，至20世纪70年代该理论成为社会学主流研究领域之一，20世纪90年代该理论应用于管理学领域。社会网络理论主要研究既定的社会活动者（包括社会中的个体、群体和组织）所形成的一系列关系和纽带，并将社会网络系统作为一个整体来解释社会行为。社会网络理论基本观点是社会情境下的人由于彼此间的纽带关系而以相似的方式思考和行事。其核心理论包括强弱关系与嵌入性理论、"结构洞"理论与社会资源理论等内容。格拉诺维特认为人们的经济活动始终嵌入在社会关系中，联系较弱的人际关系纽带（即"弱关系"）在资源流动过程中扮演着信息桥的作用，而与之对应的"强关系"则难以获得异质性信息。伯特提出"结构洞"理论指出社会网络中的非重复关系可以为关键节点成员带来资源与人际关系层面的竞争优势，"结构洞"越多其竞争收益越大。社会资本理论认为人们可以利用自身社会资源从社会网络中获得其他资源，林南在此基础上提出社会资源理论并指出社会资本是对社会关系有目的的投资，并提出多个相关命题。此外信息技术的发展也使得社会网络理论在解释当前社会网络关系，特别是互联网时代对虚拟社会组织与团体的研究中发挥了重要作用。社会网络理论将供应链协作理论的范围拓展到了社会学角度，并丰富了其理论研究的范围。

商业生态系统（business ecosystem，BE）起源于自然科学领域的生态系统概念，指在一定的空间和时间范围内，在各种生物之间以及生物群落与其无机环境之间，通过能量流动和物质循环而相互作用的一个统一整体。此后生态系统概念被引入社会科学领域用以研究。1993年詹姆斯·F.穆尔（James. F. Moore）提出商业生态系统理论，认为企业是生态系统中的组成部分，而不仅仅是单独的组织。商业生态系统类似于自然生态系统，是相互依存，协同共生的整体。1996年，詹姆斯·F.穆尔将商业生态系统概念化，认为企业生态系统是由相互支持的组织与个人联结而成的共同体，包括供应商、竞争者、生产者、消费者、其他风险承担者与政府等其他组织，这些主体由高度的自发性、自组织性聚集在一起。其后学者不断完善商业生态系统内涵，包括商业生态系统特征、结构、框架等，并以此为基础对商业生态系统治理、价值共创行为以及企业相关实践等方面展开研究。近年来随着数字经济的不断发展以及科技与产业的进一步融合，数字化和互联网提供了协作平台技术环境，影响农业、制造业和服务业发展模式，形成数字协作生态系统。目前研究就协作生态系统内涵、模式、特征等理论成果比较丰富，然而协作生态系统相关研究一方面并未针对特定产业如农业展开深入讨论，特别是对于数字经济提升农业协作生态系统绩效相关研究存在不足，对于数字农业协作生态系统缺乏系统性的认识。因此本书在数字经济提升农业协作生态系统相关绩效方面进行探讨，对其内在机理、影响因素、指标评价与实现路径进行综合研究，形成相关结论以完善当前研究。

1.1.2 现实背景

中国是一个农业大国，悠久的农业历史、丰富的自然环境与独特的社会人口环境使中国农业相关产业有着巨大的体量。据《中国统计年鉴2020》数据显示，截至2019年中国农业总产值为66 066.45亿元，位居世界第一位，同时农业产值自1982年起每年也不断增加。农业在我国经济发展中处于基础地位，为第二、三产业发展提供了保障。此外自改革开放以来，我国农业产业也发生了巨大变革，农业科技研发与应用水平不断提高，农业科技进步贡献率达到了56%；农村地区基础设施建设不断完善，现代设施装备、先进科学技术支撑农业发展的格局初步形成；农业产业结构调整取得较好成果，中国农产品的国际竞争力不断加强。但是我国农业生产过程中难以突破传统家庭单位生产模式的限制，农业规模生产占比小，生产碎片化程度较高，种种不足制约着现代农业集约化、标准化发展的瓶颈，也不利于我国从农业大国向农业强国的转变。改革开放以来我国农业产值不断提高的同时，第二、三产业也迎来了迅速发展，但第一、二、三产业增长速度不一致使得产业间差距不断扩大，第一产业在我国经济占比不断下降。根据国家统计局统计数据显示，2000～2020年第一产业平均增速逐渐放缓，低于第二、三产业的平均增速，而第一产业在我国经济占比也由33.2%持续下降至11%，在我国改革开放后的40余年间中国产业结构实现了从"一二三"到"三二一"的转变，也使得我国"三农"问题日益突出。特别是在经济发展速度放缓、经济增长动力转换的背景下，农民持续增收难度加大的问题日益凸显。城乡收入差距扩大、农村劳动力流失等问题影响着中国经济持续发展与社会稳定。如何实现农村经济持续健康发展，实现乡村振兴成为当前重要议题。

近年来随着技术的进步，以大数据、人工智能、云技术等为代表的数字技术与产业间的融合不断加强，数字技术与农业的融合促进了农业的数字化转型。农业数字化不仅给我国农业技术带来了革命式的进步，还带来了经营理念的革新和消费观念的深刻变化，极大地推动我国农业生产流程再造、产业生态再造和市场格局再造，数字化农业成为我国农业未来发展的新方向。根据中国信息通信研究院发布的《中国数字经济发展与就业白皮书（2019年)》公布的数据显示，2018 年，我国数字经济规模达到 31.3 万亿元，其中我国农业数字经济占农业整体比重的平均值为 7.30%，较 2017 年增加 0.72个百分点。东部沿海、大城市郊区、大型垦区的部分县市已基本实现农业现代化，也有众多企业开展数字农业的实践。例如，阿里云与盒马鲜生 2018 年搭建了物联网智能蔬菜基地，将 IoT 技术引入有机蔬菜种植、运输与销售全过程中；网易公司旗下的网易味央 2017 年建设了集智能养殖、观光交流、种养结合为一体的现代农业产业园，其中包括世界先进的智能化黑猪养殖场。但我国现代农业发展仍处于初级阶段，与工业和服务业相比，农业不仅数字化水平处于相对较低位置，数字化速度也相对较慢。农业存在较大数字化提升空间。

我国格外重视农业的发展，自 2004 年起中共中央每年发布的第一份文件连续 17 年均与"三农"问题相关。特别是在全面建成小康社会的决胜阶段，促进农业生产、缩小城乡差距、实现乡村振兴上升到国家战略高度，成为国家新的政策发力点（见表 1-1）。2018 年中共中央农村工作领导小组办公室公开发布《乡村振兴战略规划（2018—2022 年)》（以下简称《规划》），国务院各部委也随之出台《乡村振兴科技支撑行动实施方案》《财政部贯彻落实实施乡村振兴战略的意见》等相关文件，为《规划》进一步落实提供重要抓手。在数字农业迅速发展背景下，世界主要发达国家都将数字农业作为战略重点和优先发展方向，相继出台了"大数据研究和发展计划"、"农业技术战略"和"农业发展 4.0 框架"等战略，构筑新一轮产业革命新优势。我国也格外重视数字农业，注重农业现代化发展、推进数字农业也成为政府推进农业产业发展的重要着力点。2019 年中共中央办公厅、国务院办公厅印发了《数字乡村发展战略纲要》并指出数字乡村既是乡村振兴的战略方向，也是建设数字中国的重要内容。2020 年农业农村部印发《数字农业农村发展规划（2019—2025 年）》并提出了三个重要任务，一是农业数据的收集和应用；二是农业养殖和种植过程中的智能设备；三是智能平台的构建。总体看来农业领域政策支持力度相对较大，农业数字化发展成为农业未来发展新的风向标。

表 1-1 农业相关政策文件一览

时间	政策名称
2020 年 2 月	《关于抓好"三农"领域重点工作确保如期实现全面小康的意见》
2019 年 1 月	《关于坚持农业农村优先发展做好"三农"工作的若干意见》
2018 年 9 月	《乡村振兴战略规划（2018—2022 年）》
2018 年 1 月	《关于实施乡村振兴战略的意见》
2017 年 2 月	《关于深入推进农业供给侧结构性改革加快培育农业农村发展新动能的若干意见》
2016 年 10 月	《关于做好 2017 年国家农业综合开发产业化发展项目申报工作的通知》
2016 年 10 月	《全国农业现代化规划（2016—2020 年）》
2016 年 2 月	《关于落实发展新理念加快农业现代化实现全面小康目标的若干意见》
2015 年 8 月	《关于加快转变农业发展方式的意见》
2015 年 3 月	《贯彻实施质量发展纲要 2015 年行动计划》
2015 年 2 月	《关于加大改革创新力度加快农业现代化建设的若干意见》

但是，在农业数字化转型的实践中，涉农企业往往面临着较高的技术门槛与资金压力，许多小规模的农业企业、生产合作社等缺乏数字化经营观念，更难以主动参与农业数字化转型实践。此外政府、高校、科研院所、金融机构等其他主体在农业数字化转型实践中没有充分发挥自身作用，促进农业产业发展。这些都限制了我国数字化农业发展，难以在更大规模与更深入层次开展农业数字化转型实践。因此我国数字农业发展需要探索相关的路径，建立有效的创新推进机制与保障机制。此外在生态保护、人文传承的社会经济背景下，农业发展也需要与环境、技术、人文环境互融共生，形成符合新时代背景的发展路径。因此通过协作生态系统相关理论指导不同主体协作创新，促进农业数字技术发展与产业升级的同时也实现与生态、人文环境和谐发展，具有了一定的实践意义。

1.2 研究意义

数字经济时代利用数字技术重构基于价值共创共享的农业协作生态系统，业已成为落实乡村振兴和可持续发展战略的重要举措。通过农业协作生态系统发展农村经济具有世界普遍性，如日本休闲旅游农业协作生态系统、以色列循环经济农业协作生态系统、美国农工商一体化协作生态系统、荷兰以农业园区为平台的协作生态系统等。当前，数字技术重构农业协作生态系统模式、机理及绩效已成为全球研究热点。我国幅员辽阔，东中西部农村差异明显。数字经济提升各地农业协作生态系统绩效面临价值共创共享、生态环境保护、人文习俗传承和技术创新培育等机制异质性问题，存在重经济绩效轻人文、环境和技术绩效，重局部绩效轻综合绩效，重短期绩效轻长期绩效的现象。在数字经济和乡村振兴战略背景下，综合经济、环境、人文和技术因素对农业协作生态系统绩效进行评价研究，防止各地千篇一律地简单复制数字技术改造农业生态系统模式，对增强乡村振兴内涵、实现乡村高质量和可持续发展具有重大理论价值和现实意义。

1.2.1 理论意义

本书的研究，在理论上丰富和拓展了农业协作生态系统的理论研究成果，明晰了数字经济背景下我国农业协作生态系统演化内在机理和实施路径，具有重要的理论意义。

第一，本书对数字经济背景下提升农业生态协作系统绩效的内在机理进行了探究，归纳数字经济提升相关绩效的维度、作用机理与影响等，完善了企业生态系统理论相关研究。随着社会学、生态学等学科向经济学、管理学领域的交叉延伸，企业管理领域出现了新的研究视角与研究方法，其中围绕企业生态系统理论展开的研究层出不穷，逐渐形成了完善的理论体系，也伴随着经济与技术发展不断出现新的特征。特别是在当前数字经济发展的背景下，互联网、数字技术提供了深化协作的技术环境，在原有的发展模式中形成了数字协作生态系统，为企业生态系统的发展注入了活力。但是当前研究中缺乏数字经济对协作生态系统绩效提升的内在机理相关研究，无法准确概括数字经济提升相关绩效的维度、内在机理等内容，也无法回答数字经济对协作生态系统的关键影响、作用机理等问题。因此本书聚焦于农业产业，结合数字经济发展背景对提升农业生态协作系统绩效的内在机理探究，从理论角度系统概括数字经济提升农业协作生态系统绩效的维度与机理，突出数字经济对协作生态系统的影响作用，完善现有企业生态系统理论的研究不足，并为今后的相关研究提供理论借鉴。

第二，本书通过构建综合评价指标体系，反映数字经济提升农业协作生态系统的绩效，推动协作生态系统绩效评价的量化研究，丰富了企业生态系统的绩效评价方法。研究数字经济对提升农业生态协作系统绩效的影响与内在机理不仅需要从定性角度进行分析，还需要实证方法加以证明，保证相关研究可以从案例个体维度上升到理论高度，并指导实践。由于当前缺乏数字经济对提升农业生态协作系统绩效的影响与内在机理的研究，对于绩效评价指标构建的针对性研究也存在不足，已有的农业生态绩效指标难以评价数字经济提升农业协作生态系统绩效。此外对绩效评价的过程是一个与时俱进的过程，随着数字经济发展需要完善其评价指标，特别是突出协作性、可持续发展特征与不同演化阶段特征，使得评价过程及结果更为科学。而通过系统概括归纳数字经济提升农业协作生态系统绩效的维度与机理，依据数字经济提升农业生态协作系统绩效形成动因、关键要素以及评价指标的关系模型对指标以及权重进行筛选、分层与构建，构建系统的评价指标体系不仅可以弥补当前的研究不足，还可以为数字经济提升农业生态协作系统绩效的实证分析研究提供基础，推动相关研究的开展。

第三，本书聚焦农业数字化转型，探索数字经济提升农业综合绩效的实现路径、推动机制与保障机制，丰富了农业数字化转型的相关研究，为农业数字化转型实践提供了理论基础。当前，我国农业数字化转型相关研究已取得一定进展，但是数字经济驱动农业转型是一项长期、系统的工程，不仅要考虑一二三产业间的融合，还需要综合考虑社会人文、生态环境的影响，因此推动农业数字化转型需要多个子系统互融共生，在和谐共生共赢的核心理念下推动农业数字化转型。此外我国农业数字化转型实践也存在不足之处，农业生产信息化、数字化与智能化水平较低，严重阻碍了农业的高质量发展。仅从单一视角的理论角度出发指导农业数字化转型实践难以克服现有的实践局限，需要从系统、长期的研究视角开展研究。本书以协作生态系统理论为依据，构建经济绩效、环境绩效、社会人文绩效、技术绩效四大子系统互融共生的生态模型，并在此基础上探索数字经济提升农业协作生态系统绩效整体性、长期性和持续性的实现路径，并开展相关推动机制与保障机制的研究，实现更好的指导中国农业数字化转型的研究目的，丰富了农业数字化转型的相关研究，并为农业数字化转型实践提供了一定的借鉴。

1.2.2 实践意义

本书以数字经济背景下农业协作生态系统绩效建设为突破口，重点研究国内外数字经济提升农业协作生态系统绩效的不同模式、演化轨迹、空间差异、绩效形成动因与关键要素、绩效评价指标体系、动态评价模型、绩效提升路径、推进机制和保障机制，对推动数字经济背景下我国农业的数字化转型和绩效评价具有重要的实践指导价值，主要体现为以下方面。

第一，本书归纳总结国内数字经济提升农业绩效相关案例的经验，提炼数字经济提升农业生态协作系统绩效的关键要素，有利于指导当前农业数字化转型实践。目前，数字农业产业在我国正处于起步阶段，在实践中数字农业相关的实现路径、关键要素等对引导推动农业数字化转型与数字农业的发展有着至关重要的作用。因此通过现有案例总结相关经验与关键要素便具有较强的实践意义。本书通过国内外经典案例分析与国别比较分析探索数字经济提升农业生态协作系统绩效的关键要素，选择浙江省庆渔堂渔业养殖、祖名豆制品、原态农业等6个数字农业典型案例与来自国内其他地区的珠海羽人、安徽朗坤等10个案例进行研究，并对比英国、美国等国家数字农业发展的著名实例，从多方面总结数字经济提升农业绩效的经验，有效指导我国当前农业数字化转型实践，可以针对农业协作生态系统绩效提升的关键要素采取相应措施，全面提升农业数字化转型绩效。此外将国内外相关案例根据不同的农业发展模式进行分类，如电子商务＋农业、物联网＋农业、大数据＋农业等，在此基础上总结各个模式下数字农业发展的共同特征与典型要素，提高本书所总结经验与要素的效度，使得相关结论具有较强的借鉴，更好指导我国当前全方位、系统化的农业协作生态系统发展。

第二，本书构建了衡量数字经济提升农业绩效的指标体系，为评价农业数字化转型实践提供了较为全面、系统的工具，科学指导农业数字化转型实践。在数字农业的实践中对于数字经济提升农业绩效的评价需要在结合现实情况基础上综合多方面因素，对绩效的评价做到科学、全面、与时俱进，从而促进其长期发展。本书在国内外文献研读、案例总结、社会调查与专家访谈的基础上，依据数字经济提升农业协作生态系统绩效的关键要素与评价指标关系模型，并综合考虑经济绩效、环境绩效、社会人文绩效与技术绩效相关指标，在原有 EES 框架上突出技术维度形成新的 EEST 框架，构建了具有可比性的绩效评价指标体系以反映数字经济提升农业协作生态系统绩效的效果，并检验相关指标加以修正确保结果可比。在实践层面上本书构建的评价指标体系可以在农业数字化转型过程中帮助决策者灵活且全面地把握业务发展趋势，为未来决策提供借鉴，促进农业数字化转型实践的健康发展。同时在数字农业相关实践过程中通过融合技术维度的绩效评价，推动数字技术与农业产业的良性互动，使得数字技术与农业产业深度融合，进一步为农业发展提供动力。

第三，本书对数字经济提升农业相关绩效的实现路径、推进机制与保障机制进行了总结，有助于从实践角度促进不同农业主体的协同，为农业数字化转型实践提出相关的建议。当前我国大力推进农业产业的数字化转型，利用数字经济提升农业产业资源配置效率、推动农业供给侧结构性改革，通过提升农业数字化水平来促进农业相关产业竞争力的提升。本书在协作生态系统相关理论的指导下，探索构建农业产业不同主体的协作与不同绩效子系统间的互融共生模型，为实现农业协作生态系统整体性、长期性与持续性提供路径，促进农业产业持续健康发展，更好发挥数字经济推动农业产业数字化转型的作用，缩小产业间差距。此外对创新推进机制的研究一方面可以促使不同主体间开展价值共创行为，推动主体间的合作；另一方面在研究中融合了环境协同与农耕文化协同因素，促进农业生态保护与文化传承，为数字农业的全面发展提供指导。最后在路径研究与推进机制研究结论的基础上进一步拓展了数字经济提升农业绩效的"四位一体"保障机制研究，从政策支持、技术培育、主体协调与科学管理四方面展开论述，为农业数字化转型实践探索未来的发展方向，并为乡村振兴战略提供一定的实践指导。

1.3 国内外相关研究学术史梳理及研究动态

1.3.1 国外研究学术史梳理及研究动态综述

根据元分析方法（Meta-analysis Approach），本书从数据库 EBSCOhost、ProQuest 和 ScienceDirects，搜索出 620 篇学术性期刊论文，精读其中 48 篇，分析综述如下（代表性观点和作者如表 1-2 所示）。

表 1-2   国外文献代表性观点与作者

研究领域	相关主题	代表性作者
理论起源与发展	产业链理论（supply chain）、社交网络理论（social network）、企业生态系统（business ecosystem）、数字经济与协作生态理论（digital CE）	Wasserman and Faust（1994），Camarinha-Matos and Afsarmanesh（2006），Lorentz et al.（2011），Allee et al.（2015），Moore（1993，1996），Cohen（2000），Dosi（1988），Camarinha-Matos（2009），Attour and Barbaroux（2016），Camarinha-Matos and Boucher（2012），Brody et al.（2006），Johanssonl（2006），Rosenberg（1963），Sahal（1985）
理论内涵与机理	协作系统框架（6C framework）、演进机理（evolving mechanism）、协作机理（collaborative mechanism）	Lin et al.（2009），Camarinha-Matos（2009），Camarinha-Matos and Macedo（2010），Ritala et al.（2013），Adner（2006），Wulf and Butel（2017），Camarinha-Matos and Afsarmanesh（2005），Camarinha-Matos and Afsarmanesh（2008），Rong et al.（2015），Mukhopadhyay and Bouwman（2018），Iansiti and Levien（2004）
绩效评估方法与指标	价值体系（value system）、生命周期演进（life-cycle stage）、生态协作的持续发展（sustainability）	Abreu and Camarinha-Matos（2008），Allee et al.（2015），Bodin et al.（2016），Graça and Camarinha-Matos（2017），Camarinha-Matos and Afsarmanesh（2008），Lorentz et al.（2011）

1. 理论起源与发展

协作生态理论是起源于产业链协作理论，融合社交网络理论后发展建立的企业生态理论体系，数字经济时代进一步丰富了其理论内涵，凸显其"协作"的核心特征与"可持续性"影响。

第一，产业链理论。产业链是一个包含价值链、供应链等多维度概念的理论，对于产业链的相关研究起源于 17 世纪劳动分工实践。马歇尔将劳动分工概念由企业内部扩展至企业之间，强调企业间协作的重要性。迈克尔·波特（Michael Porter，1985）提出价值链理论，指出企业所有活动都可以通过价值链表示并认为价值链的综合竞争力将影响企业间的竞争。此后在价值链基础上又有学者提出供应链条概念，其主要关注企业间的关联关系。史蒂文斯（1989）认为供应链是从生产者到消费者所构成的一系列价值增值与分销过程。产业链理论深刻解释了企业间的协作关系，突出了协作特征，产业链协作成为重要的研究方向。洛伦兹等（Lorentz et al.，2011）认为产业链协作主要强调企业和产业链内上下游企业间的双向合作，协同实现双赢和为客户市场提供高效的产品与服务目标。然而产业链理论多关注产业宏观情况，对于微观企业间的复杂关系把握仍存在局限，因而更多学者在经济学领域加以研究。

第二，社会网络理论。社会网络理论最早来自社会学相关研究中，原本用于研究群体与社会人际关系，并用社会网络这一整体视角解释个人或群体行为。在 20 世纪六七十年代社会网络理论逐渐流行。国外学者对于丰富社会网络理论内容做出了相当贡献，例如格兰诺维特（Granovetter，1973）提出"弱关系"与嵌入性理论，认为人们的经济活动始终嵌入在社会关系中，联系较弱的人际关系纽带（即"弱关系"）在资源流动过程中扮演着信息桥的作用，而与之对应的"强关系"则难以获得异质性信息。伯特（Burt，1992）提出"结构洞"理论，指出社会网络中的非重复关系可以为关键节点成员带来资源与人际关系层面的竞争优势，"结构洞"越多其竞争收益越大。布迪厄（Bourdieu，1985）提出社会资本理论，认为人们可以利用自身社会资源从社会网络中获得其他资源。林（Lin，1993）在此基础上提出社会资源理论并指出社会资本是对社会关系有目的的投资，并提出多个相关命题。此外信息技术的发展也使得社会网络理论在解释当前社会网络关系，特别是互联网时代在虚拟社会组织与团体的研究中发挥了重要作用。有学者将计算机网络纳入社会网络范畴中，如沃瑟曼和福斯特（Wasserman and Faust，1994）、卡玛琳娜－马托斯和阿法萨曼内什（Camarinha-Matos and Afsarmanesh，2006）、阿利等（Allee et al.，2015）认为社交网络由网络成员、合作和计算机网络系统构成。社会网络理论将供应链协作理论的范围拓展到了社会学角度，并丰富了理论研究的范围。

第三，企业生态系统理论。穆尔（Moore，1993）结合生态学相关理论首次提出"企业生态系统"术语，其改变了传统战略将不同商业主体视为竞争关系的基本观点，认为不同商业主体根据其不同角色形成相互依赖的生态系统，强调参与者实现协同创新、价值共创和生态系统的健康发展。之后穆尔（1996）在其著作《竞争的衰亡》中将企业生态系统进行了概念化概括，并突出了主体的自发性与自组织性。自此有关企业生态系统研究成果逐渐丰富，对企业生态系统的特征、结构等展开研究。在模型构建方面，穆尔（1996）构建了一个由供应商、竞争者、生产者等多个主体组成的企业生态模型。加恩西和梁（Garnsey and Leong，2008）在此基础上将企业生态系统看作交易环境，并构建了生态系统内部主体的交互机制模型。在评价指标构建研究中，艾安斯迪和利维恩（Iansiti and levien，2002）从生产力、稳健性和创造性三个维度构建指标体系以评价企业生态系统的健康状况。丹·哈蒂等（Den Hartigh et al.，2006）从生态系统微观主体视角构建了五维度指标体系，以更加全面地评价企业生态系统。目前企业生态系统理论内容正不断丰富，也为其他视角下的战略研究，如创新生态系统、协作生态系统等提供了理论支撑。

第四，数字经济与数字协作生态系统。数字经济的相关研究伴随着的互联网相关的信息通信技术不断发展，其出现是一个渐进的过程。在数字经济出现之前，有学者就技术创新作用展开研究，例如罗森伯格（Rosenberg，1963）通过探讨为何在劳动力丰富、资本短缺的国家仍采取高密度技术创新的问题，指出技术发展将最终使得资本走向节约发展模式，进而突出了技术创新的重要性。萨哈尔（Sahal，1985）通过三个不同行业案例研究指出企业的创新过程与技术进步之间存在密切关系，技术进步是企业创新最明显的特征。在数字经济背景下，信息技术发展成为技术创新的一部分，科恩（Cohen，2000）将早期以互联网企业为主体的相关产业称为电子经济，指以电子信息技术为基础的经济。学者们就数字经济的作用展开一系列研究，约翰逊（Johansson，2006）认为现代信息通信技术的发展驱动了数字经济的发展，并产生一定的影响。促进了科技与产业的融合。数字化和互联网提供了协作平台技术环境，影响农业、制造业和服务业发展模式，形成数字协作生态系统。而数字协作生态系统中凸显其"协作"的核心特征与"可持续性"影响，有学者论述了二者之间的关系，如卡玛琳娜－马托斯（Camarinha-Matos，2009）论述了协作网络对于可持续发展的贡献并指出协作网络可以更好地应对动荡和不确定性，从而成为可持续发展的重要工具。卡玛琳娜－马托斯和布歇（Camarinha-Matos and Boucher，2012）通过一系列案例研究指出协作网络与可持续性之间存在潜在的协同效应。阿图尔和巴巴鲁（Attour and Bar-baroux，2016）通过对某通信平台生态系统的案例研究分析了商业生态系统生命周期的各个阶段相关的知识过程，并认为知识过程实现了与生态系统生命周期的不同阶段相关的各种任务和执行活动。总而言之，数字协作生态系统具有与传统商业生态模型更为突出的特征，但是相关的实践研究仍有待开展。

2. 理论内涵与机理研究

基于理论起源与发展，学者们围绕协作及其创新生态系统的理论内涵与机理展开了研究，并取得了较为丰硕的研究成果。

第一，企业协作生态系统框架。穆尔（1993）首次引入企业生态系统的概念，用"生态"来比喻企业所在环境的健康发展机制。随后不同学者分别对企业生态系统内涵提出不同的见解，丰富了相关研究。卡玛琳娜－马托斯和阿法萨曼内什（2005）认为由于信息和通信技术的进步、市场和社会需求，越来越多的协作网络组织形式正在出现，企业生态系统的协作特性不断突出。之后卡玛琳娜－马托斯和阿法萨曼内什（2008）通过 ARCON 参考建模方法构建了协作生态系统模型，将企业扩展到协作网络组织的环境中。卡玛琳娜－马托斯和马塞多（Camarinha-Matos and Macedo，2010）提出了虚拟企业系统的形式化概念模型，并讨论了该模型在协同网络管理中的应用。穆霍帕迪亚和鲍曼（Mukhopadhyay and Bouwman，2018）对于平台企业生态系统管理进行探讨并指出平台所有者利益和生态系统整体健康存在矛盾。林等（Lin et al.，2009）提出了环境特点、组件特点和能力特点的 3C 框架。在此基础上，荣等（Rong et al.，2015）增加了合作特征、结构特征和变化特征形成 6C 框架，比较全面地诠释了企业协作生态系统机理。目前有关企业协作生态系统的框架研究逐渐完善，企业生态系统由过去的抽象概念逐渐演化成更为具体的模型结构，不同主体之间的关系也得到了讨论。

第二，生态协作机理。荣等（2015）指出信息与知识的数字化使得生态系统的协作性更突出，学者们也从不同角度对生态协作机理进行分析，如伍尔夫和比泰尔（Wulf and Butel，2017）从资源共享角度研究了企业生态系统内部的合作关系与知识转移，并指出网络是更广泛的企业生态系统中的一个结构实体。而网络关系，如非正式和正式的关系，则促进了知识的转移和交流协同创新。阿德纳（Adner，2006）针对降低生态系统不同企业合作风险角度提出评估生态系统风险的相关方法，借以推动生态系统的协作创新。艾尔斯迪和利维恩（2004）认为生态系统内主体行为存在动态影响，提出根据企业生态系统内不同主体所扮演角色确定自身发展战略以实现自身利益与生态系统整体利益的平衡，并从协同创新角度对企业战略选择进行了论述。里塔拉等（Ritala et al.，2013）通过案例分析法分析领先的企业如何在其生态系统中促进价值创造和获取，并从价值同创角度对相关机制与措施进行探讨以促进生态系统内部的价值创造行为。卡玛琳娜－马托斯和马塞多（2010）构建了价值网络的理论框架并探讨了其在协作网络中的重要作用，并指出协作网络中不同利益相关者存在价值关联。然而当前研究中缺少数字技术对协作生态系统的影响机理研究。

第三，生态演进机理。协作生态系统及其系统内的成员存在生命周期发展特征。穆尔（1993）将系统周期分为创立、扩展、领导力和更新或消失四个阶段。卡玛琳娜－马托斯（2009）则将系统内成员企业生命周期划分为创建、运行、演进和消失四个阶段。在不同周期阶段，生态系统表现出不同的特征。

3. 绩效评估方法与指标研究

在协作生态系统的绩效评价及其指标体系设计上，学者们主要围绕经济和社会绩效维度展开，但对环境绩效、文化绩效的研究较少关注，缺乏从整体上对数字经济背景下的农业协作生态系统的绩效评价研究。目前，协作网络系统绩效评估多从经济和社会维度分析，包括成本、风险、创新能力、市场地位、灵活性、敏捷性能力和社会责任等指标（Abreu and Camarinha-Matos，2008；Graça and Camarinha-Matos，2017）。洛伦兹等（Lorentz et al.，2011）基于价值链协作角度从决策分享、物流效率、敏捷性、库存和交货时间等指标进行了绩效评估。阿利等（2015）基于社交网络理论从社会关系角度对系统的稳定性、反应敏捷性、成员间互惠性和交易弹性进行了评估，但缺乏所在地区特质指标。社会和谐与生态是协作生态系统演进和可持续发展的重要组成部分（Graça and Camarinha-Matos，2017；Bodin et al.，2016）。协作生态系统演进由不同发展阶段构成（Camarinha-Matos and Afsarmanesh，2008）。因此，对协作生态系统的可持续发展绩效评估，需要控制不同演进阶段（Moore，1993）。

1.3.2　国内研究学术史梳理及研究动态综述

伴随着我国数字经济的发展，数字经济如何驱动农业产业的数字化转型和农业协作生态系统成为前沿研究问题，我国学者围绕数字经济、乡村振兴以及数字经济驱动的农业协作生态系统演化等展开了初步研究。

1. 数字经济研究

国内学者对数字经济内涵与特点开展了研究探讨。孙德林（2004）指出数字经济的本质是信息化。逄健等（2013）认为数字经济是以信息技术为基础，以互联网、通信网络等为媒介，实现交易、交流、合作的数字化。张晓（2018）从经济角度分析了数字经济发展的核心要素并指出以"大智移云"为代表的信息技术是数字经济技术发展的基础。王伟玲等（2019）认为数字经济相对于工业经济时代具有创新性、规模性和革命性等特征。田丽（2017）对各国数字经济概念理解与重点进行了比较并指出中国数字经济发展重点在于经济转型、产业升级与安全治理。童锋等（2020）指出中国发展数字经济具有独特的优势，如网民数量、制度保障等。当前结合中国现实情况与数字经济实践对其内涵、特征等开展具有本土特色的研究成为新的方向与热点。

数字经济发展不仅带动信息技术产业的快速兴起，而且也推动了传统产业的发展。国内学者对于数字经济的作用与影响展开了相应研究。蔡跃洲等（2015）指出数字经济有着替代效应与渗透效应两种机制，通过影响要素投入与提升生产率带动经济增长。何枭吟（2013）认为数字经济推动了产业结构调整与劳动力流动。钟春平等（2017）认为数字经济改变了产业的生产方式、消费渠道与消费模式，进而推动产业升级。金碚（2015）认为在当前中国经济新常态化背景下，数字经济推动经济结构朝向公平与效率兼顾方向发展。刘耀彬等（2017）认为数字经济改变了传统创造经济价值的方式，南永清等（2019）认为数字经济有效推动了传统产业的发展。总体来看，在数字时代，数字技术对于传统产业的渗透融合使得产业结构和生产要素、生产方式、消费渠道、消费模式、经济结构以及经济价值创造方式都发生了巨大变化，也成为经济发展的重要动力。

也有学者从产业链角度探究数字经济影响。何枭吟（2013）指出数字经济促进传统产业的整合与升级，并使得产业边界更加模糊。刘健（2016）指出数字经济重构了产业链与价值链，并形成新的生态系统。李春发等（2020）对制造业产业链数字转型机理展开探索并指出数字化使得流通信息标准化，进而使得制造业产业链重构。陈晓东等（2021）通过数据实证分析认为数字经济有效提升了产业链强度。刘诚等（2021）指出新冠疫情促进了数字产业链的深化，倒逼传统企业进行数字化转型。总而言之，数字经济通过对产业链的重构促进了产业的数字化转型与升级。

2. 乡村振兴研究

在乡村振兴战略提出以前，就有学者针对"三农"问题展开研究。农村地区是农业产业的主要集中区域，而城乡差距的不断扩大使得农村地区发展水平有待提升。学者们就城乡差异原因展开研究，如朱莉等（2015）从城乡差异角度分析了城乡居民收入、产业分布与金融服务差异。杨忍等（2011）认为中国农村发展存在明显的区域差异，其根源来自地区资源禀赋与历史发展水平的差异。叶初升等（2011）指出农村环境污染使得农业绩效评估出现差异，并进一步加剧了城乡差异。刘彦随等（2016）认为农村人口流失与过度城镇化倾向加剧了城乡区域差异，城乡发展有待深化改革。也有学者就减少城乡差距途径展开研究，其中推进城乡一体化成为主要方向。喻新安等（2007）认为通过提升城市化水平来促进不同产业间的联系，可以提升农业产业发展水平。张强（2013）认为城乡一体化是解决"三农"问题的根本途径。陈伯庚等（2013）认为城乡一体化需要走新型城镇化道路来适应新的社会经济形势。陆大道等（2015）认为在城镇化进程要与地区实际的经济水平、基础设施建设和生态环境相协调，避免过度的城镇化水平。魏后凯等（2011）认为城乡一体化需要坚持绿色转型，建立低耗有序、环境友好的新型城镇。肖金成等（2017）指出中国绿色城镇化进程尚处探索阶段，绿色城镇建设仍是未来城乡一体化的发展方向。

自党的十九大提出乡村振兴战略以来，围绕乡村振兴主题或背景的相关研究层出不穷，其中乡村振兴战略的实现路径成为重要的研究方向。黄茂兴等（2011）分析了生态文明对于提升环境竞争力的重要作用并指出实现乡村振兴战略需要坚持生态环境文明。何仁伟（2018）指出乡村振兴战略与城乡融合发展联系密切，二者构成一个命运共同体。张露等（2018）指出农业机械化水平的提升促进了专业化分工，进而扩大市场容量。钟水映等（2016）认为我国农业现代化水平存在地区差异，农业现代化整体水平有待提升。张雅光（2019）分析了乡村振兴战略的实现路径并认为农业与二三产业的融合是乡村振兴的产业支撑。总结下来，乡村振兴要坚持生态环境文明，坚持城乡融合、产业融合，实施农业现代化，促进农业供产销紧密结合。

随着环境保护观念的深入，学者纷纷从多个视角开展有关农业生态相关研究。从生态补偿角度，安晓明等（2013）基于生态补偿视角分析了生态职能区划的作用，并强调不同主体在生态补偿过程中的协调。而刘春腊等（2016）从生态补偿视角构建中国省域间补偿框架，并指出农业产业属于生态占用产业。从旅游观光角度，欧阳崤（2018）认为现代农业产业体系建设需要发挥家庭经营的基础作用，并建议培养集生产、旅游于一体的家庭农场。银元等（2018）指出乡村旅游是深入实施乡村振兴战略的手段，二者相互促进、有机结合。从循环经济角度，陈洪波等（2012）认为循环经济在我国生态文明建设中发挥重要推动作用。诸大建等（2013）对循环经济理论进行了深化研究并从生态规模、经济效率与社会公平三个方面强调了循环经济对于生态文明建设的重要意义。从现代农业角度，杨继瑞等（2016）认为"互联网＋农业"可以突破传统农业的服务局限。王小兵等（2018）提出了深入推进现代农业的路径。

3. 农业产业链研究

学者们从多个视角对农业产业链展开研究。从农业产业链构建角度，李国英（2015）从产业链解构角度构建我国现代农业产业链。姜长云（2014）认为现代信息技术推动农业产业链由单一线性组织形式向网络化形式转化。从组织形式角度，张彦等（2011）认为农业产业链组织形式有合同式、股份合作式等多种组织形式并进一步分析其内外部影响因素。张莹等（2011）认为农业产业中存在纵向协作模式并实证分析其影响因素。从产业链整合角度，刘灿等（2011）提出通过生产方式与生产要素等的融合推进农村不同产业间融合。成德宁等（2017）指出在"互联网＋农业"背景下需要促进不同产业链环节通过信息技术方式深度融合，形成新的发展方式。孙春明（2011）讨论了江苏省泰兴市农村产业融合现状并分析其薄弱环节。从互联网维度，寇光涛等（2016）认为互联网背景下产业链创新本质是对农业生产与经营方式的变革，并对"互联网＋"背景下农业产业链创新路径进行探讨。施威等（2017）分析了"互联网＋农业产业链"的创新机遇、动力与机遇，并指出信息技术是推动链条优化升级的基础动力。

在数字经济发展背景下，也有学者结合数字经济背景对农业产业链发展进行研究。庄晋财（2017）认为数字技术促进了农业产业链和其他产业链的融合，并促进农业产业链内部分工。王山等（2016）认为以农业互联网为代表的新技术促进了农业产业链协同发展的虚拟产业集群的形成。总体看来，国内学者研究成果表明：第一，农业产业链正朝向组织化、系统化、网络化方向发展；第二，产业链内的主体协同发挥越来越重要的作用；第三，数字经济发展背景为农业产业链提供新的发展动力。

4. 商业生态系统研究

自商业生态系统理论诞生以来，国内学者结合中国实践开展了相关研究。就其内涵看，崔淼等（2017）分析了商业生态系统特征并指出其具有专业互补、资源共享与价值共创三个主要特征。夏清华等（2015）指出商业生态系统是通过不同种类的利益相关者的相互依赖构成相对松散的网络系统结构，并构建了五维度模型。就商业生态系统的影响因素，胡海波等（2018）从数字化赋能视角对商业生态系统价值共创展开研究并指出结构赋能与资源赋能在企业全部发展阶段发挥不同作用。吴建材等（2012）指出商业生态系统本质是成员间的协同进化，而自组织则是协同进化的机制。就运行模式角度，梁运文和谭力文（2005）分析了商业生态系统的价值结构与企业角色，并结合二者探讨企业的战略选择。彭本红等（2016）认为生态系统内部主体间关系有着竞争与合作的二元性，而主体间的协同可以使生态系统扩大至更大范围。潘剑英等（2012）回顾了商业生态系统的理论模型并构建了典型模型结构。总体来看，国内学者从商业生态系统内涵、影响因素、进化方式、运行模式、理论模型等角度取得了一定成果，但是有关数字经济背景下的商业生态系统相关研究不足，特别是数字技术重构农业协作生态系统研究亟待开展。

5. 农业协作生态系统绩效评价研究

就农业绩效评价研究，国内学者采用不同的指标框架进行评价，对于农业相关绩效的评价往往采用多指标综合评价方法，从多个方面展开全面评价。张合林等（2015）采用 ESS 框架，从经济、社会、生态三个方面综合评价了我国农地资源保护绩效。袁久和等（2013）考虑到农业系统的复杂性，从经济、社会、环境等五方面对农业可持续发展绩效展开了评价。此外还有学者针对农业特定领域取得了新的评价成果。例如张香玲等（2017）根据单位耕地面积农药、化肥使用量等指标测量了农业生态化水平，形成对农业现代化发展水平的综合评价框架。陈耀等（2018）从基础能力、投入能力等五方面构建了农业科技水平的评价指标框架。除农业绩效评价指标与框架外，对农业绩效测度与评价模型的选择同样是学者的研究重点，学者们不断探索不同的模型测度方法，例如王耀中等（2016）运用非导向的 VRS SBM 超效率模型对农业现代化效率进行测度。孙欣等（2016）运用 DEA 模型对我国长江经济带生态效率进行测度。李平（2017）在传统的 DEA 模型基础上引用 Luen-berger 生产率指数法对绿色生产力进行测量，以突破传统测量模型存在的局限。毛艳华等（2015）运用 Malmqiust 指数动态分析广东省城市效率绩效，克服了 DEA 模型静态分析的局限。但是当前尚无数字经济提升农业协作生态系统绩效评价成果。

国内学者研究的代表性成果如表 1－3 所示。

表 1－3 国内文献代表性观点与作者

研究视角	主要观点	代表性文献作者
数字经济	内涵外延、产业渗透与产业链重构	孙德林，2004；逢健和朱欣民，2013；张晓，2018；王伟玲和王晶，2019；蔡跃洲和张均南，2015；何枭吟，2013a，2013b；钟春平，2017；金碚，2015；刘耀彬等，2017；南永清等，2019；刘健，2016
乡村振兴	城乡差距、一体化、乡村振兴、农业生态	朱莉等，2015；杨忍和刘彦随，2011；叶初升和惠利，2011；刘彦随和严镔，2016；喻新安和陈明星，2007；张强，2013；陈伯庚和陈承明，2013；陆大道，2015；魏后凯和张燕，2011；肖金成和王丽，2017；黄茂兴和高建设，2011；姜国忠等，2016；何仁伟，2018；张露和罗必良，2018；钟水映等，2016；张雅光，2019；刘春腊等，2016；安晓明等，2013；欧阳峣，2018；银元和李晓琴，2018；陈洪波和潘家华，2012；诸大建和朱远，2013；杨继瑞等，2016；王小兵等，2018

研究视角	主要观点	代表性文献作者
协作生态系统	农业产业链构建与模式、生态系统内涵与演化	姜长云，2014；李国英，2015；张彦等，2011；张莹和肖海峰，2011；罗必良，2017；成德宁，2012；孙春明，2016；寇光涛等，2016；施威等，2017；刘志彪和吴福象，2018；王兵等，2010；成金华等，2014；庄晋财，2017；王山和奉公，2016；夏清华，2015；胡海波，2018；崔淼等，2017；吴建材，2012；彭本红，2016；潘剑英和王重鸣，2012；梁运文和谭力文，2005；刘灿和刘明辉，2017
生态系统绩效评价	评价指标、评价方法	张合林和孙诗瑶，2015；袁久和和祁春节，2013；张香玲等，2017；陈耀等，2018；王耀中和江茜，2016；孙欣等，2016；李平，2017；朱纪广和李小建，2015；毛艳华和胡斌，2015

1.3.3 对国内研究现状的评述

在数字经济与协作生态系统的现有研究中，国内外学者从不同角度开展研究，并表现出不同的特点。从时间角度看，国外学者对于企业生态系统与协作生态系统的研究要早于国内学者，对产业协作生态系统理论内涵、协作机理和绩效评估体系作了大量探索性研究，相关研究成果也不断丰富着理论内容。关于协作生态系统的机理分析与绩效测度也较为成熟，其研究成果不断被国内学者所借鉴。从研究方向上看，国外学者对于企业之间关系相关分析由竞争转向协作共生、由单一企业视角转向整体系统视角，生态系统不同主体间的关系也由松散结合转向紧密共生。在数字经济发展的新背景下，信息技术对于生态系统的影响成为国外学者新的研究方向，企业生态系统的协作特性更为突出，也促进了协作网络的相关研究。从研究方法上看，国外学者研究大多使用案例分析法，通过对不同案例的分析总结，形成相关的研究结论。但是国外学者大多以理论研究为主，侧重于从理论角度完善其内容，对于协作生态系统相关绩效之间的内在影响与协作生态系统绩效提升的实现路径等方面存在局限，对于企业实际经营的指导性不足。

国内学者有关企业生态系统的相关研究起步较晚，但是借鉴国外相关研究成果基础上快速发展，相关成果也不断丰富，进一步丰富了相关理论的内涵与机理。同时我国学者结合中国国情与实践，从环境保护、产业集群和乡村振兴等方面展开研究，积累了大量可借鉴的成果。从研究目的上看，国内学者侧重于将相关理论与中国现实情况结合，为相关实践提供指导与理论借鉴。在数字经济快速发展的背景下，国内学者以数字经济为背景进行相关研究，特别是在推动传统产业的数字化转型方向上形成了一定的研究成果。但是很少有学者将协作生态系统相关理论应用在农业产业中，特别是在数字经济发展的背景下，数字技术重构农业协作生态系统研究尚待开展，尚无数字经济提升农业协作生态系统绩效评价成果。

综合国内外相关研究，当前研究在协作生态系统的相关理论方面提供了理论支撑，但是对于数字经济提升农业协作生态系统绩效评价与实现路径的研究有所欠缺，大多研究只是简单涉及了其中个别方面，缺乏整体的研究。文献局限和亟待研究的问题：数字经济背景下农业协作生态系统绩效提升的内在机理问题（经济绩效 VS 整体绩效、局部绩效 VS 系统绩效、短期绩效 VS 长期绩效），绩效影响因素的实证研究，评价指标和动态评价问题，实现路径和保障机制问题等，这些都是现有成果的局限且亟待研究的重要课题，本书也将围绕以上不足展开研究。

1.4　研究内容与方法

1.4.1　研究内容

本书针对"数字经济背景下农业生态协作系统绩效评价与实现路径"主题展开系列研究，在相关理论与文献综述的基础上，对现有研究的不足与局限进行补充，借以完善相关研究。本书的研究内容具体可分为以下五部分。

第一，对数字经济提升农业相关绩效的内在机理展开案例研究。在搜集调查国内外数字农业典型案例的基础上归纳其创新维度、作用机理与关键影响因素。就数字经济提升农业的动因分析中，本书从内部与外部两个角度展开。外部动因关注生态环境保护、农耕文化传承与政策机制等方面，内部动因则关注运营成本、风险防控、产品品质、技术创新等方面。就关键要素分析中，本书拟从经济、环境、人文和技术四个维度进行提炼，保证相关要素提取具有一定的概括性与综合性。在研究过程中聚焦国内外多个典型案例进行总结研究，确保研究结论具有真实性与普遍性。

第二，构建绩效评价指标体系，为之后的定量分析奠定基础。本书通过指标初选、指标筛选、体系构建与指标修正构建相关指标体系。在初选部分，本书在国内外文献研读、案例总结、社会调查、专家访谈基础上，依据数字经济提升农业协作生态系统绩效形成动因、关键要素及与评价指标的关系模型对指标及权重进行初选。在筛选部分，利用主成分分析正交旋转法对初选指标进行科学处理，剔除反映信息重复、影响小或无用的指标，建立反映数字经济提升农业协作生态系统绩效的综合评价指标集。之后在经济、环境、人文与技术四个维度进行分层，并结合 Spearman 等级相关系数法对上述评价结果进行一致性检验，然后利用平均值法和 Boarda 法等方法对通过一致性检验的评价结果进行修正，提高评价准确性，系统完成指标体系的构建。

第三，通过问卷与访谈实证分析数字经济提升农业协作生态系统绩效的影响因素与驱动因素，剖析农业协作生态系统绩效形成机制和保障体系。在前期研究成果的基础上，对农业协作生态系统的参与成员，包括农业企业、农户等进行问卷调查，搜集相关数据，之后对数据进行归纳分析、指标对比等，分析差异成因。在实证部分使用不同模型对不同研究内容展开分析。首先利用聚类分析方法对绩效进行归类，运用乘法模型对绩效进行水平评价。其次针对生态系统的周期、类型差异等，利用欧式距离模型分析各生态系统在时间演进、空间和模式构建方面的差异。最后利用空间自回归计量模型、耦合度协调模型、灰色模型分别对绩效影响因素和耦合程度及驱动因素进行实证分析，并得出相关结论。

第四，对数字经济提升农业协作生态系统绩效的实现路径与创新推动机制展开研究。在前面相关研究成果，特别是绩效影响因素与驱动因素的实证研究结论基础上，对具体的实现路径、机制展开研究，促进理论向实践转化。在和谐共生理念的指导下，拟构建经济绩效、环境绩效、社会人文绩效和技术绩效四大绩效子系统的互融共生生态模型，探索数字经济提升农业协作生态系统绩效整体性、长期性和持续性的实现路径。通过相关指标的提升与指标绩效间的相互作用，将绩效评价的相关内容融入农业协作生态系统的相关主体协作中，实现数字农业绩效提升。在创新推进机制方面，本书拟从多个角度展开讨论，包括数字经济重构机制、环境协同机制、价值共创共享机制、农耕文化协同传承机制等，综合考虑经济、技术、环境与人文因素，促进数字农业的长期发展。

第五，对相关保障机制进行探讨研究。在前面研究的基础上探讨了多主体协同与多元绩效融合的数字农业协作生态系统长期发展的路径与机制，需要在综合考虑相关影响因素与路径基础上探索保障机制，以促进协作生态系统的稳定发展。本书拟建立"四位一体"保障机制，包括政策保障、数字技术创新培育、市场主体与科学管理四方面，从政策、技术等方面对农业协作生态系统实践加以保障，促进其长期稳定发展。

1.4.2　主要研究方法

本书拟采用文献研究法、问卷调查法、案例研究法、访谈法等多种研究方法对研究内容开展研究，相关研究方法具体介绍如下。

1. 文献研究法

本书立足于协作生态系统相关理论成果展开，特别是在数字经济提升农业协作生态系统绩效的内在机理与评价指标构建两部分都需要结合已有研究成果对具体内容展开研究。因此在研究过程中通过查阅协作生态系统、数字经济、农业绩效评估等对国内外相关研究成果，总结归纳已有的研究成果。在内在机理与关键要素确定研究中，文献研究可以总结现有成果，确定部分要素，为案例归纳相关内容做好方向性指导，从而合理地确定其关键影响要素，并在其他理论基础上开展机理分析。在评价指标体系构建过程中，文献研究法可以对相关指标进行归纳，从而在指标初选时形成指标选择基础，并在体系框架构建过程中对已有框架进行总结，并确定其维度拓展方向。

2. 问卷调查法

在数字经济提升农业协作生态系统绩效的影响因素部分，本书在绩效评价指标体系基础上，设计相关问题题项并形成问卷。通过对农业协作生态系统的参与成员开展问卷调查进行实证分析，对绩效的水平评价、各生态系统的时空与模式差异、影响绩效的相关影响因素与驱动因素进行探究，形成一定的研究成果。

3. 案例研究法

在数字经济提升农业协作生态系统绩效的内在机理分析部分，本书通过国内外经典案例分析和国别比较研究，归纳数字经济提升农业协作生态系统绩效新维度、作用机理和关键影响。全面地形成对数字经济提升农业协作生态系统绩效创新维度、作用机理与关键影响的归纳总结。

4. 访谈法

在数字经济提升农业协作生态系统绩效动态评价部分，本书在确定相关访谈内容基础上通过对各农业协作生态系统参与企业与农户等主体进行调研访谈，对相关数据资料进行搜集，探索绩效差异性的成因，进而在实证分析过程中进行重点分析。

1.5 研究技术路线与创新点

1.5.1 研究技术路线

本书以数字经济背景下农业协作生态系统绩效建设为突破口，从"文献—理论—实证研究—政策"思路展开，重点研究国内外数字经济提升农业协作生态系统绩效的不同模式、演化轨迹、空间差异、绩效形成动因与关键要素、绩效评价指标体系、动态评价模型、绩效提升路径、推进机制和保障机制。具体的技术路线如图1-1所示。

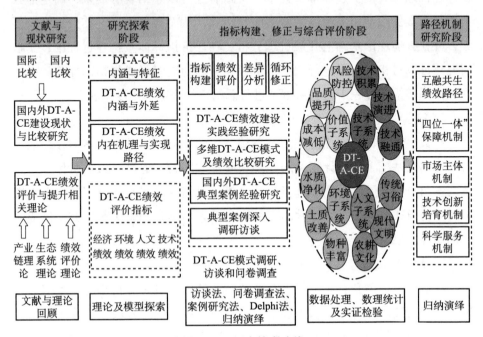

图 1-1 研究技术路线

1.5.2　研究贡献与创新点

本书在学术思想、观点及方法上的创新性体现。

（1）学术思想：本书在 EES 框架基础上，增加技术维度进行扩展，构建了 EEST 绩效评估模型；然后基于差异系数和循环修正思想构建了数字技术提升农业协作生态系统绩效的指标体系；最后对绩效进行动态评价和实证分析。

（2）学术观点：本书提出了互融共生生态融合模型（经济—环境—人文—技术）和四位一体保障机制（政策—技术—市场—管理）。

（3）方法创新：结合案例分析，运用 DEA 模型等方法对绩效进行评价；采用 Spearman 方法对评价结果进行一致性检验；再利用平均值法、Boarda 法等对结果进行修正，构建了动态评价模型；最后利用空间自回归计量模型、耦合度协调模型和灰色模型进行实证分析，方法更具系统性。

| 第 2 章 |

基于协作生态系统的数字农业相关理论分析

2.1 协作商业生态系统理论分析

近些年，伴随创新生态系统研究的多元化，其核心理念也开始从区域、产业层面逐步向联盟、组织、企业等方面拓展。以创新生态系统视角探究创新种群协同创新实现持续发展，不仅利用生态的内涵揭示创新的本质，更为创新主体开放式自主创新能力提升开拓新思路与新方向。

2.1.1 创新生态系统的概念及特征

1. 基本概念

目前，学者们对创新生态系统概念的研究主要基于微观层次、中观层次、宏观层次等不同层次，以及结构视角、功能视角、要素视角等不同视角。

首先，按照层次结构，主要基于宏观层面研究国家创新生态系统，基于中观层面研究产业创新生态系统，以及基于微观层面研究企业创新生态系统（赵放等，2014）。具体地，分析系统中个体行为是创新生态系统微观视角的重要关注点。学者穆尔（1993）提出"企业创新生态系统"是一种松散的网络，是企业与其他组织间相互联系构成的，它们依赖一定的知识、技术和技能来推动自身能力的演化，并通过彼此间竞争与协作带动新产品或新服务的开发。蒋石梅等（2015）从创新生态系统微观视角出发，认为企业创新生态系统是企业以满足用户多样性、复杂性需求为目标，在产品、服务创新过程中建立与其他组织的合作关系，是兼具动态性与开放性特征的组织间协同演化、共存共亡的网络化系统。还有部分学者基于企业视角提出"企业技术创新生态系统"，并将其定义为在一定时空范围内，企业的技术创新复合组织与复合环境，依靠创新物质、能量以及信息流动的相互作用和依存关系形成的一个整体性系统（陈斯琴和顾力刚，2008）。其中，企业技术创新复合组织包括供应商、销售商等技术创新相关主体企业，技术创新复合环境包括物质、社会、科技、自然、人文、市场等各种外部环境。将企业创新生态系统视为企业技术和产品创新的平台，为企业开展创新活动提供必要的环境条件。在中观层面，创新生态系统包括产业创新生态系统和区域创新生态系统。其中，产业内部能够实施或影响企业创新活动的机构和制度构成产业创新生态系统（伍春来等，2013），也是产业内各类创新主体（如企业、政府、高校、科研院所）与各类创新要素（如推动产业发展的技术条件、科技政策）协调互动、密切配合形成的综合性系统。区域视角下的创新生态系统汇集了一定空间范围的产业、科研机构、高校，以及一系列异质性知识密集型企业和其他机构。为提升创新的效率和获取经济利益，它们在选址上多处于一个紧邻的地理空间范围。为确保企业创新战略的实现，需要将企业的创新行为与产业发展动态结合，为此，创新生态系统就成为核心企业密切与上下游企业关系，整合各自优势和系统内企业创新成果，形成协调一致、对接用户需求的一整套解决方案（Adner，2006）。基于宏观层面的创新生态系统，多聚焦国家甚至更高层次水平，其内部涵盖组织、政治、技术和经济等子系统。宏观视角的理论研究主要关注对创新生态系统总体特征的概括以及体系分类。例如，吴陆生等（2006）提出开放性、层次性、整体性和自组织性是创新生态系统的重要特征。柳卸林等（2015）认为创新生态系统中的创新主体拥有相同的愿景和目标，它们彼此间协调整合创新资源、搭建创新平台和共建创新网络，从而努力达到"共赢"的目标。

其次，根据不同研究的视角，从结构上看，创新生态系统作为一个复杂系统，具有构成要素的复杂性（杨荣，2013）、要素联系的复杂性（周大铭，2012）以及系统结构的复杂性等特点，系统内创新主体间存在非线性的交互关系，并由此形成了生态化的组织体系。曾国屏等（2013）认为创新生态系统具有动态性、栖息性和生长性的特点。从与外部环境的关系看，创新生态系统具有动态性、开放性的特点，系统中各类创新主体与创新环境彼此作用，而创新环境则构成创新的"栖息地"（李钟文，2002），能够为创新主体及其创新行为提供必要的资源支持，且深受创新主体的反馈性影响（赵放等，2014）。随着全球化进程加快，创新生态系统的构建需要打破封闭的生态圈，尤其是对一个地区或者机构而言，开放性的创新生态系统有助于其借助各种方式和途径获取外部创新资源同时提升创新能力（李万等，2014）。从功能上看，创新生态系统具备持续发展的特性，既体现为创新活动的持续性、多样性，又体现为系统自身的持续性进化（Fukuda and Watanabe，2008）。创新生态系统中的协同演化，能够进一步增加创新物种多样性，提升整个系统的动力及能力，在推进系统中各创新物种间协同适应的同时，也进一步增强了整个生态系统的凝聚力和抵抗干扰的能力，最终推动创新生态系统实现动态平衡（周大铭，2012）。秦雪冰（2022）指出，创新生态系统是系统内企业为了应对外部不确定性和挑战，与利益相关的群体、个体共同作用和影响，形成的基于技术、制度演化的动态和可持续发展的"生命"系统，其既可以是一个地理空间，又可以是一个基于价值链和产业链的虚拟网络。

2. 基本特征

在一定时期内，生态系统总是依照一定的规律向要素、结构和功能更加复杂的方向演进，在整体上呈现出一种相对稳定的动态平衡。在对创新生态系统的构建问题上，国内外学者围绕创新生态系统的要素、结构、边界拓展等方面来展开研究。

从构成要素看，创新生态系统是由创新主体与创新环境相互作用而构成的复杂系统，在其要素构成上，生态系统中的创新主体既包括企业、高校、科研院所、政府、中介服务机构等创新主体，又包括各种创新环境和资源要素，由此可见，构成创新生态系统的要素十分复杂。具体地，从构建主体看，企业是创新的主导者，而龙头企业更能够发挥引擎作用，带动和组织创新活动；高校是科学研究的主阵地和优质人才培养的摇篮；政府部门是创新生态系统中具体规则的制定者，同时能够发挥维护创新环境、塑造创新氛围的作用；各类中介服务机构在助推企业创新活动开展、推动创新网络形成发展的过程中起到重要的黏合作用，能够为创新生态系统结构中薄弱环节提供必需的支持和补偿。从构建资源环境看，类似于自然生态系统中的自然环境，创新生态系统的环境要素能够为创新主体提供其生存和发展所需的各种所需资源，支撑着创新生态系统的演化发展。其中，政策环境包括完备的政策、法律法规等，经济环境包括雄厚的资金支持、广阔的消费市场、完备的基础设施条件等，社会环境包括区域内文化水平、价值观念、风俗习惯等，自然环境包括水、空气、土壤、森林绿地等自然和生态资源。作为包含可以通过某种方式帮助实现共同目标的任何组织的系统（Lansiti and Levien，2004），创新生态系统包括多种能决定核心企业及其顾客与供应商命运的组织群落、机构和个人，包括研究机构、监管和协调机构、金融机构等（Deece，2007）。梅亮等（2014）指出，企业的创新生态系统包括上游组件商、中游集成商、下游互补件商，以及研发团队、服务提供商、投资者、消费者、政府等与核心企业相关的主体。由这些相互依存的创新主体所构成的创新协作链和价值采用链作为创新生态系统的核心架构（Adner and Kapoor，2016）。李万等（2014）认为，创新的过程就是面对环境的变化，物种、种群甚至群落作出的回应。企业、科研机构、大学与政府等创新主体共同构成了创新生态系统中的物种，这些物种从物质和人力资源中获取能量，在竞合与共生关系中维持系统的整体平衡，在与经济、社会文化等环境要素的互相作用过程中，推动创新生态系统实现动态演化（惠兴杰等，2014）。创新生态系统中涵盖了更加广泛的利益相关者，这也成为其与集群、创新网络、产业网络等概念相区别的重要特征（Autio and Thomas，2013）。曹祎遐和高文婧（2015）指出，关键核心企业、创新链、价值链以及创新环境等共同构成了创新生态系统，它们彼此间互相影响，共同作用于创新生态系统的发展。武学超（2015）创造性提出了由大学、产业、政府、公民社会及自然环境所构成的五重螺旋新型创新生态系统，通过将知识创新与社会生态融合，实现推动知识经济、知识社会和社会生态之间的协同演进。朗克等（Lancker et al.，2016）提出围绕创新主体、创新过程、主体间网络以及生态制度四个维度构建创新生态系统。在构建创新生态系统过程中，创新要素汇聚并产生聚合反应，创新价值链与价值网形成并不断拓展（曾国屏等，2013）。

从结构与边界看，首先，创新生态系统是具有互补性特征的多层次网络。网络化的结构使系统既能够保持其核心业务，又能够持续且灵活地整合和重组创新活动、能力与资产，因此，生态系统的多层次网络关系比双边关系更具优势（Willianson and Meyer，2012）。对创新生态系统中核心业务层进行向上和向外的扩展，从而形成更加广泛的网络层，实现将各类组成要素统一到"中心—外围"的分析框架中，进而能够对各层次主体与环境间的相互作用和演进方式做出更好的把握。其次，创新生态系统具有围绕核心企业或平台的架构设计。企业的创新成功不仅受到自身规模的影响，还受到其自身相对焦点企业位置的影响（Adner，2010）。扎赫拉等（Zahra et al.，2011）认为，核心企业搭建的创新平台为企业创造良好的创新环境，而创新平台可视为新兴企业开展创新活动的生态系统。最后，跨产业、跨区域的创新生态系统具有模糊的创新边界。已有研究关注创新生态系统发展过程中的边界扩展问题，主要聚焦组织边界、地理边界、产业边界、知识边界等。创新生态系统中创新成员的组织边界是开放且相互渗透的（Zhang，2011）。艾尔斯迪和利维恩（2004）指出，生态系统突破了由某种产品及其产业所定义的产业边界，以及由集群所定义的地理边界。进一步地，刘洋等（2013）立足于地理、组织以及知识边界拓展的视角，深入探讨了后发企业研发网络构建相关问题。

从功能与目标看，一方面，生态系统强调协同和系统化合作以及共同进化。作为一种协同机制，创新生态系统有助于企业通过多企业合作来创造单一企业所不能创造的价值。单一的行动者难以实现协作创造的价值，通过嵌入创新生态系统的物理和社会环境，行动者能够通过适应并协同改造环境，来推动自身与环境的协同进化。创新生态系统内各主体与环境间的动态、持续地演进，强调通过有效学习、共同选择互补能力、资源与知识网络来实现，进而推动形成具有自组织、自适应和自调节功能的复合体（Jackson，2011）。但与自然生态系统进化所体现的随机性和偶然性特征不同的是，创新生态系统中商业共同体的形成需要发挥决策制定者在制定计划和预见未来等方面的主观能动性。另一方面，创新生态系统强调通过创新实现价值共赢和利益共享。2014 年以来，创新生态系统的价值创造成为国内外的重要研究领域，张等（Zhang et al.，2014）将其细化为开放式的商业生态系统，指出搭建包括供应商、合作伙伴、客户及其他自组织群体在内的价值创造和协同进化的创新网络是创新生态系统构建的必要前提。奥蒂奥（Autio，2014）指出，围绕核心企业或平台所构成的创新生态系统，本质是一种组织网络，其通过各相关主体的协作创新推动新价值的创造。因此，作为企业间协作环境的创新生态系统，其更加强调系统的价值创造功能，用户、政府以及众多利益相关者都是会对该系统产生重要影响的外部因素。斯莫罗丁斯卡娅等（Smorodin-skaya et al.，2017）指出，非线性创新时代，创新能够在以合作实现价值共创的创新生态系统环境中获得更好的培育。陈衍泰等（2015）基于深圳、杭州电动汽车产业创新生态体系案例，研究龙头企业产业在创新生态系统中"价值创造"、"价值获取"的过程机制。此外，有些学者突出创新生态系统的"共生性"特征，作为共生单元的核心企业以及配套组织等通过共生模式来开展价值创造、价值获取等共生活动（欧忠辉等，2017），不断推动物质流、知识流、信息流的跨组织边界流动，实现共享信息和资源（解学梅和王宏伟，2020）。

2.1.2　创新生态系统的演化及驱动因素

1. 创新生态系统的演化

"演化"的概念源于生态学，借鉴生物学进化论的观点，演化思维注重对历史变化方法的应用，并以此来分析事物的发展与演变。在研究视阈上，微观、中观、宏观"三位一体"的综合性分析框架将有助于对创新生态系统的研究。具体来说，微观层面强调以企业等创新主体为研究核心，与之对应的是创新生态系统内各类创新物种；中观层面强调将组织间的相互作用作为研究客体，与之对应的是创新生态系统内不同创新种群间的创新网络关系；宏观层面强调以系统或特定地理空间作为研究对象，与之对应的是系统的整体功能和绩效。系统论视阈下，创新生态系统作为一个复杂系统，其"演化"更加突出在与外部环境的作用过程中，创新生态系统的构成要素、内部结构、系统功能等的不断变化，在与外部环境的作用过程中，其演化是一个由小到大、由低级到高级、由简单到复杂的量变与质变的叠加过程。特别地，随时间推移，创新生态系统的系统结构、规模、特征等都会不断发生变化，并在物种遗传、变异、衍生、选择的"优胜劣汰"机制下，实现由无序向高协作效率的网络组织演化、由低水平向高层次创新物种演化（刘雪芹和张贵，2016）。

作为创新生态系统演化的组织基础，生态系统的多样性是指生物自身及其所处环境多样性的程度。企业、高校、科研院所、政府部门、中介机构等各类创新组织，它们构成了创新生态系统中的创新物种，深刻影响着创新生态系统的形成、发展和演化。一方面，丰富多样的创新物种是创新生态系统保持旺盛生命力的重要支撑（李万等，2014），具体包括创新组织多样性、创新环境多样性、创新资源和要素多样性、研发伙伴多样性等。余菲菲

（2014）以组织学习理论和资源依赖理论为理论依据，比较分析了多家中小型医药型企业案例，深入讨论了联盟组合的多样性对科技型中小企业技术创新路径选择的影响。另一方面，作为影响创新物种演化的关键力量，优势种是占主导地位的，其本身对环境具有高度适应性，能够在较大程度上决定群落内部环境条件，为此极大影响着其他物种的生存和发展。一流大学、创新"引擎"企业、世界级水平的研发机构在创新生态系统中扮演着优势种的角色。具体来看，一流大学是知识创造的源泉，并能够提供多样化的知识转移机制，通常能够为所在地区创新生态系统发展提供关键支撑（陈昀等，2013）。作为能够在一定城市、地区范围内发挥引擎作用的创新型企业，创新引擎企业比一般创新型企业更具带动和辐射效应，往往能够在行业内占据较大份额。王馨竹（2015）指出作为创新优势种的创新引擎企业具有自身独特的高成长模式、完善的创新体系、良好的财务状况、较强的创新能力等典型特征。此外，对于高水平的研发机构而言，具备强劲的科技实力、汇聚高端人才、研究前沿领域、拥有科学的运作机制是其典型特征。创新物种的多样性和优势物种主导性的耦合发展共同推进了创新生态系统的演化。此外，根据达尔文进化论的基本观点，遗传、变异和自然选择是物种进化的基本机制与核心范式。罗国锋和林笑宜（2015）指出遗传、变异、衍生和选择是创新生态系统演化的四种重要机制，同时政府、企业、用户以及其他利益相关者为系统演化提供了重要动力来源。

如同自然生态系统中不同物种间的竞争、共生、捕食，创新生态系统中的不同创新物种（创新组织）间也会产生各种各样的关联，如形成创新链、技术链和价值链，多种创新链复合成创新网络，进而形成基于资源依赖以及知识或技术关联的关系。因此，将创新生态系统内部创新网络按照不同种群间的相互关系进行划分，可分为互利共生关系以及竞争共生关系两类（赵进，2011），基于创新物种间的彼此依存、相互作用的网络关系，推动创新生态系统自身、创新物种间关系实现持续不断地演化。此外，根据协同学理论，自组织系统的演化动力来自系统内外部的竞争与协同，对于创新生态系统以及其内部各类创新主体来说，内部的协同来自创新生态系统内部不同创新物种（创新组织）、创新群落间的协同，而外部的协同来自系统与其所处环境间多样化的交流合作，外部的协同使得创新生态系统的边界范围不断扩展，创新生态系统的辐射力也更加广泛。尤其随着创新生态系统的演进和知识经济发展，不同物种、种群、系统间的关系变得更加复杂和难以预测，因此，只有打造合作共生的互补性协作，才能有效地应对不断变化的市场竞争环境。

2. 创新生态系统演化的动力机制

在创新生态系统的演化发展过程中，会有多种因素影响其发展演化，例如组织自身的进化发展、科学技术进步、经济文化发展、创新政策体制等。其中，创新生态系统中创新组织（企业、高校、科研院所、金融机构等）自身的进化发展是创新生态系统的演化内生动力，而科技、经济、文化、政策等环境构成了创新生态演化的外生动力。

创新组织自身规模、功能以及所处关系网络变化，是影响系统演化的最根本动力。而创新生态系统内部创新物种的差异性会对系统演化及其发展路径和模式产生直接影响（李振国，2010）。创新生态系统的内生演化动力来自对新奇性、创造性（林婷婷，2012）和价值最大化的追求。在内生动力驱使下，生态系统中的创新主体会不断开展创造活动，主动采用新技术、新产业和新的解决方案（刘雪芹和张贵，2016）。此外，与演化的外生动力相比而言，创新生态系统演化的内生动力是确保其保持较高的竞争优势的关键。

信息技术的快速发展提高了科技创新的复杂性，也使得开放式创新范式的价值性越发凸显，更加强调不同创新主体间加强创新协作，通过共生协作来实现产品或技术创新。在此背景下，系统内各创新主体间的创新网络关系得到进一步拓展和深化，进而推动基于网络协作关系的创新生态系统向更加复杂的方向发展（杜勇宏，2015）。另外，随着科学技术的发展，创新生态系统内各类创新组织的功能和形态会发生变化，而创新组织功能和形态的变化会使各类创新主体主动寻求创新价值与空间布局的"最优解"，主动调整和转变其在创新生态系统中的生态位，以及与其创新组织间的竞争合作关系，最终实现适应外部各种不确定性环境，同时也推动整个创新生态系统的进化发展。在科技不断发展和竞争日益激烈的环境下，推动合作关系网络的不断变化，在更大、更广、更深层次上实现横向一体化或纵向一体化已成为当前创新组织获取持续竞争优势的重要方式。邓元慧等（2015）认为，多元化市场需求、综合性技术发展、交叉性学科等密切了创新组织间的联系，使得创新生态系统的结构和形式发生改变，也推动着创新生态系统的运行机制不断发生变革。魏江和赵雨菡（2021）认为，数字技术改变了企业间创新协同与价值共创的方式，也使得创新生态系统理论的研究边界不断拓展。数字技术作用下的创新生态系统除了具有原本复杂性、开放性的特征，还具有要素数字化（魏江和赵雨菡，2021）、系统边界模糊（Parker et al.，2017）等特征，这些新特征进一步增强了各主体间的协同合作、进一步推动要素关联和重组，引发系统的基本关系架构、运行规律等发生根本性的改变（Beltagui et al.，2020）。

市场需求在创新生态系统的演化过程中起重要推动作用，能够不断驱动各类创新组织的成长，进一步拓展和发展合作创新网络。一方面，作为创新生态系统中重要的创新主体，企业受限于自身有限的资源和能力，难以独自开展复杂的创新活动以应对快速变化的市场环境，通过与其他创新主体建立广泛的创新合作关系，降低创新成本和创新风险，获取所需资源，进而间接地促进创新网络的形成（杜勇宏，2015）。另一方面，市场需求会调节企业的创新行为，推动包括企业在内的各类创新主体动态适应外部市场需求的同时，进一步明确自身在创新网络、创新生态系统中的位置。

对于承担创新投入、规划创新发展、制定法律法规政策的政府部门而言，其在创新生态系统中扮演的角色对创新生态系统的演化和发展起到重要影响。杜勇宏（2015）指出，政府搭建和完善促进创新协作的服务体系和创新平台，有助于进一步提升创新效率，推动各类创新主体积极开展创新合作，从而促进创新生态系统的演化发展。总之，作为宏观管理者和利益平衡者，政府这一角色有力地促进着创新生态系统的演化发展。

创新环境是创新生态系统得以有效运行的实现背景，深刻影响着创新生态系统的发展演化。一方面，完善的创新基础设施能够有效保障创新活动开展所需的物质支撑，降低创新活动的失败风险，而良好的就业环境条件能够吸引人才汇集，为创新生态系统的演化发展提供活力。另一方面，创新服务平台、技术转移、政策咨询服务、高科技产业孵化器等一些中介服务机构为科技创新提供全方位服务，提高创新生态系统内信息流通效率和促进各类创新资源有效配置。在对梦想小镇的案例研究中，徐梦周和王祖强（2016）指出，创新生态系统的演化实现对价值导向、空间环境、系统结构与支撑制度四大要素的契合，同时也为系统有效运行提供了重要支撑机制，一是通过有效价值主张吸引系统内关键及辅助主体的加入，二是通过制度设计和平台建设，构建职责完善、分工明确的网络结构，三是通过优胜劣汰的方式开展创新激励。

2.1.3　创新生态系统的功能作用、绩效及评价

正如所有系统都具有其自身功能一样，创新生态系统包括知识生产功能、知识应用功能、知识扩散功能三个基本功能，以及发展驱动功能、文化引领功能两个衍生功能（张仁开，2016）。其中，知识生产功能指创新主体基于各种技术创新活动和科学研究活动，产生的新的知识、技术及产品，并通过专利、科技创新产出加以衡量。知识应用的环节也是价值实现的环节，主要包括经济价值、技术价值、社会价值、文化价值等。此外，作为各种创新关系的有机统一体，创新生态系统的网络结构关系是不同创新主体间交流互动的重要实现途径，为创新网络上的创新主体开展交互学习和技术知识转移、扩散营造有利环境。陈劲等（2017）以美国 DARPA 创新生态系统为例，立足于嵌入性视角，探讨创新主体如何嵌入并获取创新生态系统价值的过程与机理。与此同时，驱动经济、社会、自然环境的发展是创新生态系统在发展与演化过程中的重要功能。一是提升创新能力有助于加快产业转型升级，为新产业、新业态的培育和发展提供重要驱动，也进一步实现优化产业结构、推动经济发展。二是为人类社会发展增添动力，改善人们的生活条件、生活方式，不断提高人们的生活质量。三是通过技术进步、科技创新减少资源能源的消耗，通过保护生态环境来推进生态文明建设。此外，技术的发展变革除了会对人们的生产生活直接产生影响，还会潜移默化地对人们的风俗习惯、价值理念、消费观念等产生影响，进而促进思想体系的演变。杜德斌（2015）指出，价值领域下的创新生态系统强调求变精神，而在生活领域则强调对人们不断增长的物质文化需要的满足。

在对创新生态系统绩效及评价问题上，一是在区域层面，苗红和黄鲁成（2008）从生态系统健康理论出发，提出对于区域技术创新生态系统健康评价的指标和标准。陈向东和刘志春（2015）应用生态系统的观点，提出构建包含创新态、生态流、生态势三维度的科技园区创新生态系统评价指标体系，

并对中国 53 家科技园区的创新生态水平进行了实证分析。二是在产业层面，蒋云霞和肖华茂（2009）基于生态经济学，构建了包含经济效益、社会效益和生态效益三个方面的产业集群综合绩效评价层次分析模型。潘苏楠等（2019）基于新能源汽车产业可持续发展评价指标体系，采用全排列多边形综合图示法，测度我国新能源汽车产业的可持续发展水平。姚艳红等（2019）利用德尔菲法构建了创新生态系统健康度的评价指标体系，包括生产率、适应力和多样性 3 个一级指标，一级生产效率等 9 个二级指标。吴菲菲等（2020）构建基于四螺旋模式的高技术产业的协同性评价模型，用于评价我国高技术产业创新生态系统整体协同性与动态持续发展能力。

2.2 产业链理论分析

对于自然界中的生物来说，其之所以能够维持生态平衡的关键是依赖生物链。而对企业来说，在动态变化的市场环境中稳定发展的关键在于依赖上下关联的产业链。对于产业链，各个环节不同作用会产生不同的效果，且各环节会紧密联结于企业内部，同时根据独特的空间布局和逻辑关系，形成了这种链状关系。

2.2.1 产业链的内涵及基本特性

1. 产业链的内涵

目前，虽然产业链已在实际中得到广泛应用，但对产业链理论的研究还较为欠缺，对于产业链概念的界定还存在不同的意见。通过梳理文献可以发现，国内对于产业链的研究多以价值链、产业关联等理论为依据。在对产业链概念的研究中，价值链是国外在产业链研究领域的基本研究视角。基于波特价值链模型，卡普林斯基（Kaplinsky, 2000）提出了产业内价值链和产业间价值链的概念。吴金明和邵昶（2006）认为产业链是一个四维度概念，其涵盖价值链、企业链、供需链、空间链。价值链被视为产业链的对接导向，而企业链被视为产业链的表现形式。芮明杰和刘明宇（2006）将产业链定义为在企业内或企业间，以生产某种特定产品（服务）为目标，所涉及的包括从原材料到最终消费品的所有价值增加的过程。张铁男和罗晓梅（2005）指出产业链本质是以产业为单位构成的价值链，多个相互联系且承担不同价值创造功能的产业围绕核心产业，基于对信息流、物流、资金流的控制而形成的从原材料采购到销售的功能链结构模式。周路明（2001）认为，伴随着产业内分工不断纵向拓展延伸，在传统产业内部，由一个企业主导的不同类型的价值活动被不断细分，形成了以多企业为价值主体的活动，企业间按照不同的分工和供需关系形成横向的协作链与垂直的供需链。黄群慧等（2020）指出，产业链是各企业依据价值链分布所形成的链式关系与时空分布形态，其覆盖了由生产产品到提供服务的全过程，有机统一了产业组织、生产过程以及价值实现。夏蜀和刘志强（2022）采取内容分析方法，通过对领域内高被引文献的综合比较分析，提出从价值链、链核企业、生态系统和中间组织四个方面定义产业链。此外，卜庆军等（2006）基于生物共生理论视角，重新定义产业链为在主导企业带领下通过契约达成的，以满足顾客需求为目标，是包含供应商价值链、企业价值链、渠道价值链和买方价值链在内的企业共生价值系统。孙晓和夏杰长（2022）将协同理论融入农业产业链，用于开展对数智农业和平台经济耦合机制的研究。张晖和张德生（2012）指出，价值链、供应链以及战略联盟是管理学领域的概念术语，均以企业为研究对象，虽然产业链同样将企业作为研究对象，但并不意味要用管理学科视角定义产业链，并指出可将产业链视为一个以产业分工为基础、以产业关联为纽带、以价值增值为导向的组织系统，其目标是提高企业和产业的竞争力。生态系统隐喻用于指代拥有共同或互补特征的组织，形成了诸如经济生态系统、产业生态系统、数字商业生态系统以及社会生态系统等多种类比概念（Peltoniemi and Vuori，2004），可采用生态系统隐喻概括产业链关于共生、网络的描述。总之，产业链是具有动态变化特征的企业集合，由各个利益相关者以为满足客户需求提供特定产品（服务）来实现其盈利的目标，并强调利益相关者间存在协同共生关系。

2. 产业链的基本特性

依据系统科学原理，产业链具有的五个基本特性具体包括静态特性、运动特性、动力特性、系统特性、生态特性（刘贵富，2006）。

从产业链的静态特性来看，包括产业链的结构特性、跨组织特性等。对于结构特性，产业链包括链、体和链主。首先，"链"以企业为节点，以产品为对象，是企业间物流、信息流、资金流相互联系构成的空间链。其次，产业链是"体"，其不是松散的链，而是紧密相连的有更多经济内涵的经济组织。最后，产业链具有链主，链主在链内占据核心支配地位，即龙头企业，其承担着为链内其他企业提供信息服务的角色，同时也管理着链内的其他企业。从产业链跨组织特性来看，产业链通过跨组织边界，实现管理不同业务领域、组织结构和文化的企业。作为介于市场和企业间，并按照一定逻辑和时空关系组成的能够实现价值增值的链式中间组织，产业链能够在密切协作、优势互补的动态环境下共同发展，通过合作为各方带来收益和实现共赢。任玉霜和吕康银（2020）指出，当前以"龙头企业＋农户""中介＋农户"的农业产业化经营组织形式，在产业链主体的带领下，农业经营的规模化、组织化程度大大提高，农户融资的可达性明显提升。随着全球竞争日益激烈，企业必须快速抓住市场机遇，通过联合产业链上下游来实现分工协作，集中资源提升自身核心业务专业化能力，更有效地应对环境动荡带来的不确定性。

从产业链的运动特性来看，包括产业链的稳定性、拓展延伸性、学习创新性等。首先，产业链中各企业间存在长期的战略联盟关系，企业间彼此利益共享、风险共担，体现为一种新型的合作方式。合作企业间的沟通信任机制、竞争定价机制和利益协调机制决定产业链上企业间战略联盟的稳定性程度。在有效的沟通信任机制、竞争定价机制和利益协调机制的共同作用下，开放的产业链能够在不断适应市场竞争的过程中保持平稳运行和不断发展壮大。其次，产业链在运行过程中会适时进行向上游的拓展和向下游的延伸，最终形成一条适度且有力的产业链条，进而有助于为区域经济发展培育新的经济增长点。最后，产业链内部各企业间知识和文化的传播，有助于提升整个链条的运作效率和效益，提升整体创新能力，推动产业链平稳运行和发展壮大。

从产业链的动力特性来看，主要包括内生动力特性及外源动力特性。一方面，产业链的自组织特性使其能够自适应、自生长、自发展，使整个产业链实现整体协调、信息共享和迭代优化。其中，自适应强调的是在一定外界环境条件下，以产品和企业为节点构成的链式中介组织通过自主适应环境，出现新的结构状态以及功能。自生长性也体现为产业链对外界环境的高适应性，是自身内部的各种创新机制以及市场需求拉动共同作用的结果，包括产业链规模扩大、产业链节点企业数量增多或能力增强、产业链向上下游的延伸拓展等。自发展更加强调产业链中企业的独立决策能力，企业的发展战略、发展定位完全是由其自主决定的。另一方面，无论是农业产业链、制造业产业链，还是技术性更高的高新技术产业链，都会受市场需求和区域政策的影响，产业链上各个企业要主动发挥其自适应性，通过不断调整自身经济行为来适应环境变化，进一步推动产业链的完善和发展。

从产业链的系统特性来看，产业链是由各种要素组合而成的复杂经济系统，具有整体性、复杂性、层次性和动态性的特点。首先，产业链能够发挥单个企业没有的协同效应、整体效应以及增值效应优势，而产业链增值和实现共赢是产业链上企业间协同合作的价值追求。其次，随着现代信息技术的快速发展，产业链系统的复杂性大大提高，要求系统快速匹配更高水平的自适应和自发展的能力。再次，依据作用层次，可将产业链划分为宏观产业链、中观产业链、微观产业链三类，各个层次的节点企业及子系统的经济利益、发展方向会受产业链整体发展状况的影响，宏观上呈现出整体优化、局部退化的局面。最后，在与外界环境的交互作用中，产业链系统的整体结构、状态、功能等会呈现出动态性的变化，进而影响产业链发生动态变化。

从产业链的生态特性来看，类似于种群这一生态学概念强调的，种群是由复杂的种内关系构成的有机统一体，产业链则是由众多互相联系的企业构成的集合体。产业链由若干彼此分工协作的上下游企业组成，其分布在一定地理空间范围内，动态适应外部环境和实现不断发展。此外，类似于食物链中的生产者、消费者、分解者，消费者是产业链上的重要组成部分，他们在产业链条中处在起点和终点的位置，对整个产业链的演化发展发挥重要的能动作用，同时也决定着产业链价值的实现。原材料、零部件等供应商以及各种中介服务机构均会对产业链有序运行发挥着不可替代的重要作用，这些参与群体的异常变动和缺失将会导致产业链系统的功能难以实现，甚至导致产业链解体。苗强等（2022）构建了基于生态理论的价值链数字生态模型，生态系统中各企业互生、共生、合作、竞争的生态关系对推动大规模制造业持续健康发展有重要影响。此外，生态位体现了某种生物在生物群落中占据的物理空间、发挥的功能效用等，不同的企业在产业链中占据不同的生态位，其所能利用的自然因素（资源、能源、气候等）和社会因素（技术条件、社会关系等）就存在较大差异，因此，建立产业链上企业的比较优势、竞争优势，构建自身独特的生态位，将有助于企业进一步提升自身竞争能力。此外，类似生物之间共生的互利关系，不同物种均能够从对方处获益，产业共生是不同企业间长期协同进化的表现，对提高企业的生存和获利能力有重要意义。

2.2.2　产业链的类型

与产业链内涵的研究类似，学者们也从不同角度对产业链类型进行了划分。潘成云根据产业价值链的发展过程，划分产业价值链为技术主导型、生产主导型、经营主导型和综合主导型四类。李心芹等（2004）依据产业链内部企业间对供需关系的依赖程度，将产业链划分为资源导向型、产品导向型、市场导向型以及需求导向型四类结构类型。在借鉴相关理论的基础上，刘贵富（2006）对产业链的划分提出了按照产业链的形成机制、行业性质、作用层次、关联结构、生态属性和核心企业地位划分的六类分类标准。按照产业链的形成机制可划分为市场交易式、纵向一体式和纵向约束式（吴金明和邵昶，2006）。其中，市场交易式是在无外界因素影响的环境下，由企业自发形成的产业链；纵向一体式是上下游彼此通过购买对方产权获得对方的控制权，一般出现在煤炭、钢铁、石油等资源型和资本密集型的产业中；纵向约束式是产业链中的核心企业对其他环节中的节点企业进行各种限制形成的产业链组织形式，包括行为和价格限制。都晓岩和卢宁（2006）根据产业链中企业间联系的紧密程度，将产业链分为低级形式，指企业间单纯的市场交易关系，以及高级形式，指企业间的长期战略联盟关系。按照近年来，在构建"双循环"新发展格局背景下，学者们围绕推动产业链高质量发展，对产业链的分类进行了相关研究。刘阳等（2022）在探究推动中国产业链高质量发展对策路径的研究中，将产业链划分为劳动密集型产业链、关键中间品产业链和战略性产业链。陈晓东和杨晓霞（2022）依据中国投入产出表部门分类进一步细化对制造业产业链的划分，用于实证检验数字化转型与产业链自主可控能力的影响。

2.2.3　产业链的构建及运行

1. 产业链的构建

作为产业链研究中的重要内容，产业链构建包括接通产业链和延伸产业链。其中，接通产业链指借助某种产业合作形式，将一定地域空间范围内断续的产业部门串联起来，而延伸产业链指将产业链尽可能向上游或下游延展，如产业内、产业间产业链延伸，区域内、区域间产业链延伸（龚勤林，2004）。综合现有对产业链构建的研究，无论是从宏观角度探讨产业链完整性的构建还是微观角度的产业链节点企业的分析，其本质是产业链上节点企业基于各种经济技术联系互相连接形成生产服务体系的过程，并且在节点企业间形成纵向产业链关系。对此，从产业链最基本的构成单元，即企业角度出发，来分析产业链中企业间的纵向关系，从而进一步研究产业链的微观构建。

链接主体、链接客体、链接内容及治理机制共同构成了产业链构建的基本要素。一般来说，首先，产业链链接的主体是在产业链上起主导作用的节点企业，它们占据链条核心业务环节或者拥有核心、关键性的生产技术，较强的资本或技术能力，能够带动和引导整个产业链的发展。其次，产业链链接的客体是产业链纵向关系形成的另一方，可能是供应方或需求方，它们在产业链构建中处于从属地位、以协作单位出现，对产业链的整合发挥较小作用。最后，产业链链接的内容是产业链上双方交易的内容或对象，通常是链条上一般性的经济活动。

对产业链结构及演化的研究既要考虑产业链对资源的依赖和控制，又要关注资本和技术对产业链产生的影响，以及国家的产业政策对于产业链发展起到的引导和带动作用，同时要结合产业链自身结构的演化特性，动态性地对产业链的形成、发展进行考察（吴彦艳，2009）。随着企业间分工的细化，企业的经营活动在空间结构上呈现为越来越分散，企业在产品加工的上下游关系中紧密联系，逐渐形成从采购到产品生产、销售的一整条完整链条。这时形成的是基于分工的产业链，企业间主要通过市场机制来协调和维系关系，也被称为产业链的一级结构。随着相对完整产业链的形成，产业链上各主要环节企业通过加大力度投资和建设价值增值环节来提升自身产业链竞争力。

尤其是资本投入可以有效扩大生产规模，而技术应用能够有效提高各环节的增加值，同时突破产业链发展环节的瓶颈阻碍，实现产业链条价值的顺利传递。此时，资本投入、先进技术研发应用驱动着产业链的发展，在资本和技术驱动下的产业链二级结构能够更好地提升整个行业或者产业的竞争力。此外，市场调节机制下的产业链发展还会受到政府政策的引导和影响，适当的政策调控与引导有助于合理配置资源、技术、资本、人才等要素，对助推产业结构升级、提高产业链竞争力、实现国民经济持续健康发展具有积极作用。因此，产业链的三级结构是基于政策引导下的合理并且有序的发展。综合而言，产业链的三个层次是相互影响、相互递进的，三者间是按照一定规律的渐进式的演化。从资源视角看，在由一级向三级演化的过程中，起主导作用的要素逐渐由自然资源变为资本、技术资源再到政策制定等环境资源，资源的外延和范围不断扩大；从产品视角看，产品对资本技术的要求越来越高，产品的价值含量也逐步得到提升；从机制视角看，影响产业链发展的作用机制由市场主导的方式向政府引导同时市场发挥作用的方向转变；从层级视角看，三个层级结构由里到外反映了由微观到宏观的层级变化，产业链影响范围实现由微观企业层面向宏观国家经济层面的转变，产业链资源配置范围实现由产业内向产业间的转变。游振华和李艳军（2011）从内因和外因对产业链形成的动力因素进行了探讨，其中内部因素包括降低交易费用、规避风险、创造和利用社会资本，外部因素包括区位优势、技术进步和政府产业政策。张庆彩等（2013）对我国新能源汽车产业链协同发展升级模式的运行机制展开研究，提出政府行政驱动机制和企业治理机制两种驱动机制。

2. 产业链的运行机制

产业链的运行机制聚焦产业链的形成与演化过程中的内在机理，会根据产业领域、发展阶段等表现出不同的特点。

产业链是一个追求效用最大化的主体，而价值和风险决定效用的实现。从企业个体角度出发，为减少不确定性，企业通过加入产业链来实现价值最大化，一是努力降低各类成本，提高企业效益，二是降低外部环境不确定性，减少风险。吴金明和邵昶（2006）构建了"4+4+4"的四维对接、四维调控和四种模式的模型，从而揭示出产业链形成的内在规律、实现机制和实现形式。蒋国俊和蒋明新（2004）指出竞争定价机制、利益台阶机制和沟通信任机制是产业链得以稳定的重要机制。刘贵富（2007）构建了产业链运行机制的模型图，提出了产业链的六种运行机制，包括利益分配机制、风险共担机制、竞争谈判机制、信任契约机制、沟通协调机制和监督激励机制。任迎伟和胡国平（2008）在比较了产业链条系统的串联耦合、并联耦合两种模式后，提出拓展产业链条各层次组织间的共生关系能够有效解决链条系统不稳定和低效率的问题。作为中国农村产业融合发展的高级形态，具有产业链多元交叉融合特征的农业产业化联合体，通过契约分工、收益链接、要素流动是促进增效的重要运行机制（王志刚和于滨铜，2019）。刘西涛和王盼（2021）基于乡村振兴背景，指出对农产品全产业链流通模式的运行机制构建依赖主体间的协作以及资源共享、知识共享和利益共享的利益机制的构建。冯子纯和李凯杰（2021）以牧原生猪养殖产业链为例，提出政府主导、龙头企业带动、金融融资、贫困户加入"四位一体"的运行机制，以及利益分配机制和风险控制机制，进而有效促进脱贫攻坚和县域经济融合发展。特别地，平台经济所具有的集聚辐射性、共赢增值性等特点，在提升产业的创新驱动创新能力、重构产业链价值链方面发挥重要作用，面向农业产业链的平台型企业通过对科技、金融、物流、政策资源等有效整合，形成覆盖全程的要素流动及服务供给的引导机制，加快优质、专业性生产要素融入农业产业链，增强不同环节产业链、价值链的协同性，推动产业链的演化发展。

2.2.4　产业链的功能效应

产业链的功能效应受产业链系统内部构成要素和外部生存发展环境的影响，为了保持系统结构的稳定和更好适应外部环境的发展变化，就需要产业链系统结构保持稳定，在面对强干扰时能够自我调节。对于产业链功能效应，可以从企业视角、产业视角、社会视角三个视角来考察。

从企业视角看，产业链具有整合效应、竞合效应和协同效应。首先，产业链通过整合可以获得更大的利益，一是产业链整合有利于资源的有效配置，提高资源使用效率和减少资源浪费。二是通过资源整合降低交易费用，龙头企业通过整合产业链形成与上下游企业的紧密联盟关系，帮助龙头企业获取稳定原材料来源、广阔服务市场和降低履约监督成本。王克响等（2022）以北大荒集团粮食产业链增值模式为研究对象，认为产业链整合具有降本增效、合理配置资源和发挥协同作用的集体性优势，对此，充分发挥龙头企业带动作用和整合产业链资源的水平，对推动区域产业链分工，创造更大价值有重要作用。三是整合产业链能够在产业整体运作中获得更高利润。其次，当今企业间不再是单纯的竞争或合作，而是竞争与合作并存，企业间的竞争的本质是企业所在产业链间的竞争。置身于一个开放式的创新系统，企业以竞争促进合作、以合作促进竞争的逻辑将会进一步提升产业链整体竞争力。最后，作为由大量专业化分工的企业结成的紧密协作的战略联盟，产业链具有较强的协同效应。在生产上，专业化分工帮助企业协调生产品种、进度等，避免生产积压或浪费；而人员间的交流合作能够使生产技术及经验得到快速传播。在技术上，上下游企业间通过联合开展技术研发等一系列合作活动，能够降低和分散企业创新、投资风险，提升创新活动的效率。在管理上，成功的管理经验能够在产业链上实现迅速扩散，提升和改善管理效率。在销售上，产业链上各企业间可以共建营销队伍、分销渠道、售后服务网络等，联合进行品牌宣传、产品推广及促销。刘志彪（2019）指出，从要素协同的角度看，产业链现代化体现为产业经济、科技创新、现代金融以及人力资源的高度协调、协同与协作，产业链、技术链、资金链和人才链都实现有机统一，产业发展与环境也能够实现可持续发展。易加斌等（2021）基于产业整合的视角，指出涉农企业通过并购整合实现由育种到消费的农业生产上下游整合，进而不断强化供给端成本优势和提升品牌价值。通过打造协同开放的农业数字平台整合农业数字化资源，对于驱动农业数字化生态系统的构建有积极影响。

从产业视角看，产业链具有增值效应、学习效应和创新效应。首先，随着产业链环节的增加、链条的延伸能够促进产品加工的深化，提高产品附加值；产业链还能够带动与其相关产业的建立和发展。以产业链延伸、产业范围拓展以及产业功能转型为表征，以制度和技术创新为动力的农村一二三产业融合发展，推动产业、要素、资源的跨界融合和流动，有助于推进农业进一步完善产业链、提升价值链，促进农业强、农民富、农村美（姜长云和杜志雄，2017）。其次，产业链学习效应是指作为组织的产业链具有学习功能，产业链内部企业通过学习进行知识共享与文化传播。产业链学习的本质是培养和提升产业链的持续竞争优势与创新能力，并通过不断地生产、储存、搜索来确保产业链的科学、平稳有效运行。最后，基于知识创新视角，通过产业链促进知识的创新和扩散，有助于提升知识利用效率。主要包括促进信息的快速传播、创造交流学习的机会、促进人才流动、提供知识创新的良好外部条件支持等方面发挥积极作用。

从社会视角看，产业链包括极化效应、涓滴效应、耦合效应等多种效应（刘贵富，2006）。首先，产业链能够吸引其他区域的资本、技术、人才等生产要素向产业链所在地汇聚，使得大量资金、技术、人才投入相关产业，而产业链又能辐射和带动周边地区的经济增长。其次，作为物理学中的一个基本概念，耦合是指两个及以上系统间通过各自具有的耦合元素相互作用、彼此影响。产业链企业与其所在区域的经济、社会、文化、科技相互作用、相互影响，彼此推进对方实现同向发展。产业链是一个开放系统，是其所在区域系统的一个子系统，作为区域产业的重要组成部分，产业链所在的产业往往是区域的优势产业或主导产业，它能够带动区域内资源整合、技术发展、产业升级，促进区域经济、社会、文化、教育等的发展，而区域经济、社会、文化、教育等的发展又能够为产业链的发展创造良好外部环境。贺祚琛（2022）基于互联网和现代信息技术构建的现代化农业产业链模式，农业 4.0 模式能够提升劳动效率、提高农民收入和生活水平、培育壮大优势特色农业产业，全方位带动经济社会可持续发展，因此积极推进农村信息化建设和加强技术人才培养以推动农业 4.0 模式健康发展。最后，产业链具有整合效应、增值效应等多种功能效应，因此其龙头企业将在区域经济发展中起到关键作用，而其他企业在学习过程中以先进管理思想以及质量标准严格要求自己，进而不断提升本企业的管理水平和产品质量。王克响等（2022）构建了北大荒集团粮食产业增值模式的模型，通过合作完善产业基础设施，通过建设信息化平台和整合内部产业链来拓展产业链发展深度，并将核心企业的全产业链调控贯穿于整个增值模式，实现在内外部增值的双重条件下完成自身粮食产业增值的目标。产业链的示范效应作用于链条中所有节点企业以及链条外各个区域，通过潜移默化的影响来改变企业的经济行为，最终推动经济发展实现良性循环。

2.3　协同理论分析

协同发展是实现农业可持续发展的重要基础和手段，必然着力提高土地、资本、劳动力等生产要素的配置效率，释放新的增长潜力。一个农业生产领域内的一组协同作用是一种农业产业共生关系，这种共生关系基于其自然生态系统的可复制行为和模式在农业生产经营系统内创造并促成合作，从而使一个主体的劣势可能正是另一种主体的优势，多维视野下，乡村复杂系统包括了社会、经济、环境等领域以及一些非线性的复杂关系，符合协同理论适用的条件。

2.3.1　协同理论的概念和特征

协同学是一门交叉学科，1971 年，由德国物理学家赫尔曼·哈肯（Hermann Haken）创建，并出版了《协同学导论》。他指出不平衡状态下的复杂系统中的各个子系统在一种共同规律的指导下可以通过各个子系统之间的合作来形成彼此之间的协调有序的动态平衡状态。哈肯指出在各个子系统之间进行协调、合作、竞争等关系时会形成一种名为协同效应的作用，当彼此之间的协同效应到达一定临界点后，就会导致质变，之后再借助系统内部的协调组织作用来将整个系统引导至一种有序状态。与此对应，另一种作用和趋势也存在于其中，那就是各个子系统的无序运动会导致整个系统走向无序的状态。协同理论在特色产业发展问题上，有较强的应用参考价值。协同理论是研究系统的理论。这里所说的系统是指由多个要素组成的一个整体，这些要素之间存在交互，在保持自身的独立性的同时能够相互影响。协同理论认为系统中各要素之间存在协同作用，这使得系统往往能够以稳定的状态存在。它的观点可以用"某种事物从无序的或从低级的有序状态的系统会向有序的状态或者高级的有序状态发展"来总结，当它达到有序状态时开始作为整体展示其协同作用。这种协同作用是整个系统中各要素产生的合力，因此在特定的情况下其能够产生比系统中任意要素都强大的影响。协同被许多学者看作一种"行为"。既包括了与他人合作的特性，也包括建立协同关系的必要条件，如信任、环境、动机等。当前多数学术文章将协同形容为"1＋1＞2"的效果，意思就是系统所产生的作用的效果要大于这个系统中的各个子系统的简单叠加，从而系统具有了各个子系统所没有的功能。也就是说，协同作用的合并影响是由两个子系统或多个子系统整合后所形成的合并效果。

协同理论作为一种新型理论，是基于各个学科共同发展而形成的，它是从 20 世纪 70 年代开始逐渐兴起的。协同理论是一种系统理论，它综合了控制论、信息论和系统论，赫尔曼·哈肯指出它以探究系统发展的一般规律为研究目标。协同理论将复杂系统作为研究对象。这种复杂系统可以拆解为许多子要素，而这些要素往往与多个其他要素关联，对其中的任一要素进行改变会引起多个要素的连锁反应。这是因为组成该复杂系统的子要素能够通过物质、能量或者信息等途径相互影响，并且这种影响最终会使该复杂系统形成新的结构或产生整体效应。具体而言，协同理论的核心概念包括如下要素。

1. 序参量

作为协同理论的核心概念，序参量是一种状态参量，它可以用于形容复杂系统的外在状态，也可以用于描述系统的一个有序状态。随着系统形成的时间越来越长，这些状态参量在环境影响下的变化速度快慢不一，大小及程度也不尽相同，当一个复杂系统的发展进程逐渐接近能够发生明显的转变的临界点时，就会有越来越少的甚至仅存一个状态参量在环境变化时受到显著影响，它们对于环境的变动所作出的反应很小，也保持着自身的稳定状态。这些数量极少的对于环境变化的响应较慢、程度较低、相对稳定的状态参量能对系统对外表现出的行为和对系统的有序程度起到导控的作用，对宏观行为以及表达系统的有序程度进行指导和控制的序参量，序参量可以在外部环境变动时保证系统、子系统、要素等作出调整，使系统继续进行有序的运动。最早是由苏联的物理学家列夫·达维多维奇·朗道（Lev Davidovich Landau）提出的，他提出这个理论的目的是系统性地描述连续相变。而赫尔曼·哈肯（Hermann Haken）却将这个理论当作面对复杂系统本身存在的自组织问题的一种方式方法，他将序参量描述为在系统有序运动中可以作为中介的状态参量，不管在什么系统中，若在复杂系统的演进中有一种参量可以从无到有且在新结构形成中起到导控作用以及可以从它自身中体现出系统新结构的有序的水平，则这种参量就可以被称为序参量。复杂系统的发展并不只会存在一种序参量，而且各个序参量之间还会有着竞争，而且这种竞争就会导致在复杂系统中最终有着支配地位的知识少数序参量。序参量出现的条件是复杂系统具有不稳定性，它的动力来源就是复杂系统中的竞争，但是序参量不是要素，更不是子系统，是在复杂系统中子要素和子系统之间起到协调作用的一种状态参量，它在复杂系统演进过程中虽然进度慢但效果佳。序参量也需要存在的条件，它需要可以推动复杂系统发展，使系统朝着更加复杂、高级的方向前进。在数字经济背景下研究农业生态协作系统，那么农业生态系统的协作程度就作为序参量来促进各个主体之间的协作及资源共享。

2. 竞争

在复杂系统的发展过程中必然会有竞争的发生，只要是这个复杂系统内部之间或者复杂系统与其他复杂系统之间存在着差异就会有竞争的现象出现。事实上复杂系统的不平衡发展状态是竞争存在和发生的条件，在复杂系统中各个子系统和子要素面对复杂系统所处的外部条件不同和外部条件变化的不同反应就会导致复杂系统中各子系统和子要素获得物质、能量、信息的能力有所差异，也就会导致竞争现象的出现。从开放复杂系统在环境中不断发展的视角出发，一方面竞争伴随着开放复杂系统在面对环境变化时各子系统和子要素的反应不同而出现，另一方面竞争又能促进开放复杂系统重新回归到一个协调的状态。协同是数字经济背景下农业生态协作系统中的要素、子系统相互协调的、彼此合作的集体行为，也作为一种形式来体现系统的整体性。而广义角度下的协同不仅仅包括合作也包括竞争，复杂系统的发展里竞合皆有，合作和竞争的存在导致复杂系统从平衡状态转为不平衡状态，之后又从不平衡状态恢复平衡状态，通过这种转变可以使复杂系统拥有新的秩序，这种现象可以使复杂系统朝向更复杂高级的方向进行转变。

3. 支配

支配原理体现着虽然复杂系统所接收的信息和能量是复杂多样的，但能对复杂系统的行为产生实际作用的状态参量并非所有，在研究复杂系统的有序状态或是无序状态时，可以探究有哪些参量可以作为支配地位的状态参量，这也是探究这个参量是否能够作为状态参量的标准。复杂系统无序就会导致系统紊乱、系统不稳定；复杂系统有序就会使系统具有组织性、协同性和适应性。所以，支配作用可以对系统的发展产生影响，使系统可以从无序状态发展成有序状态，也就是说可以对系统的发展起到导控的作用。从为了让系

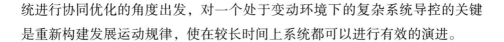

统进行协同优化的角度出发，对一个处于变动环境下的复杂系统导控的关键是重新构建发展运动规律，使在较长时间上系统都可以进行有效的演进。

2.3.2　协同理论的原理和效应

赫尔曼·哈肯提出的协同理论具有以下三个基本原理。第一，自组织原理：自组织原理在复杂系统内的表现是系统能够自发地形成有序结构。复杂系统中的子要素会不断调整，直到它们之间达到一种不断交互的稳定状态，外来能量和物质加入复杂系统会暂时地打破这种平衡，但新的有序状态会在经过一段时间后自动产生，使复杂系统重新回归临界状态，产生稳定结构。第二，协同效应：协同效应是指复杂开放系统中大量子要素能够产生的整体效应。这种协同效应不以复杂系统自身所处的领域为转移，无论是自然科学或是社会科学的复杂系统都存在协同效应。这种整体效应其实是组成复杂系统的子要素的发展趋势或效果在复杂系统整体层面上的叠加或抵消的产物，使得复杂系统向一个稳定的方向发展或对外界产生效果。第三，伺服原理：伺服原理有多种叫法，如支配原理、序参量原理等，其中心思想就是组成复杂系统的子要素并不平等，其作用有大小之分，少数子要素的轻微改变会使得复杂系统产生重要变化，进而引起复杂系统的协同效应的变化。而这种能对系统产生重大影响的子要素在协同理论中被称为序参量，意为能影响系统秩序或者制定系统秩序的可变参量。

基于协同理论原理的推论解读协同理论的基本原理可知，其认为在一个复杂系统中，系统自身具有形成一定稳定形态的自发动力，同时在系统中存在对系统整体影响明显突出的序参量，然后，复杂系统在没有外部因素的干预下内部会形成协作结构，每个子系统承担一定的分工，而不是简单的叠加。这表明，协同原理认为复杂系统具备三种协同特征。首先，复杂系统中存在协作结构。自组织原理的关键在于复杂系统的自我分工。各个子系统承担不同的功能，决定复杂系统稳定状态的是不同子系统间的相互作用，因此对于个别子系统的强化或削弱可以引导复杂系统整体的稳定状态向特定方向转变。其次，复杂系统中存在自发动力。自发动力这一特征出自协同效应这一协同理论基本原理。协同理论认为复杂系统内部各子系统之间存在相互作用，能够推动系统变化的发展，使系统产生一定的改变，这种相互作用不需要外力的介入，诞生于复杂系统内部，推动系统由无序向有序发展，最终使系统趋于稳定。最后，存在影响系统发展的关键因素。伺服原理表明，在推动系统发展的过程中，系统内各因素对系统的影响作用不平均，同样程度的变化对系统的影响不同，部分因素的改变可以对系统最终形成的稳定结构造成决定性的影响。

2.3.3 协同理论的应用

目前，协同理论在经济学、社会学和管理学等多学科领域中都得到了广泛的应用。在数字经济背景下农业产业数字化转型过程中，政府、企业、高校、科研院所、金融机构等不同主体各自履行着各自的职责，也同时构成了一个复杂系统，它们彼此独立而又相互影响，在复杂系统合作的过程中有时会因为各个主体的能力差距以及各方的不同需求从而没有能够形成真正的"合作共赢、互利互惠、共担风险"的利益共同体，有时甚至会依然存在着竞争的关系，这就需要在系统中制定规则，主体彼此之间共同遵守，采用这种方式来将彼此之间的竞争关系转化为彼此之间协同合作的关系，以此来促进产业的发展，实现共同利益最大化。在数字经济背景下，农业数字化转型需要多个主体之间互帮互助、互利共赢，农业数字化转型的运行是一个复杂主体的运行，其中的参与者涉及范围也甚广，产业主要由政府、企业、高校、科研院所、金融机构等子系统或者子要素构成，每个子系统或子要素由非线性相互关联的子系统或子要素组成。它的开放性体现在农业主体需要不断地接收物资和信息，比如需求和产品加工等物资和信息，在信息集成的过程中形成了整个系统的结构和运行。在目前的科学研究与应用中，协同理论被学者们有效地运用到了研究系统的运行、建立模型、进行发展趋势的预测和辅助决策中，协同理论近年来被广泛运用到了社会科学的研究中以及借助协同理论进行研究所得到的研究成果，说明协同理论提供的理论范式可用于研究数字经济背景下农业数字化的转型。从系统构成要素来看，该系统主要由自然环境、政策支持、技术条件等子系统组成。这些子系统在随着系统演变的过程中必然会彼此联系、彼此作用，比如国家政策对于农业数字化转型协作系统具有鼓励和推进作用、企业可以对农业数字化转型协作系统进行合作支持、高校及科研院所可以为农业数字化转型协作系统提供科技信号、金融机构可以为农业数字化转型协作系统提供资金支持。同时，通过政府的支持，可以向农业主体投送积极的信号，通过对农业产业进行推进以及对农业主体进行专业知识培训等方式，也可以吸引更多的人力资源进入农业数字化转型系统中来，农业数字化转型主体之间的协作程度甚至决定了农业数字化转型的成功。

协同理论的系统性适用于在数字经济背景下研究农业协作生态系统绩效整体性、长期性和持续性的实现路径。协同理论中的协同效应，需要研究在复杂的开放系统中的大量子系统之间的相互作用，通过它们的相互作用，可以产生集体效应，进而推动协同效应的形成，也就是说，协同理论强调子系统之间的相互推动作用。当前我国农业数字化转型相关研究已取得一定进展，但是数字经济驱动农业转型是一项长期、系统的工程，不仅要考虑一二三产业间的融合，还需要综合考虑社会人文、生态环境的影响，因此推动农业数字化转型需要多个子系统互融共生。因此适用于本理论。

协同理论在学术界的广泛应用与发展，为数字经济背景下农业数字化转型的研究提供了新的视角。系统的协同作用的绩效取决于系统中各要素之间的相互作用的程度和效果。在这个过程中所提到的协同并不是指系统中各子系统或者各要素之间的作用简单加和，更多的是指各子系统或者各要素内部的耦合和协同发展。协同理论的应用突破了现有的农业产业发展研究，为学者提供了新的视角。在数字经济背景下，将协调理论应用于对农业产业数字化转型的研究，可以回答数字经济对于农业产业数字化转型中各主体之间合作生态系统的研究，对于研究在数字经济背景下农业生态协作系统的绩效有着理论指导和支撑的作用。在数字经济背景下，农业生态合作系统是一个复杂的开放系统。政府、大学、科研机构和金融机构等子系统之间相互作用，而不是简单的线性关系。其中，一个开放的系统应该有一个中心逻辑，这个复杂系统中的中心逻辑可以使子系统按照现有的规律聚集在一个有限的空间中。当协同效应达到临界值时，协同效应就会形成，并驱动子系统按照有序逻辑运行。协作理论有助于研究农业数字化转型的实施路径。

1. 农业数字化转型的环境协同

环境协同就要求农业数字化转型发展的理念协同，理念协同则是指农业数字化转型发展过程中要具有高度统一的思想，全面贯彻落实党和国家对于农业数字化转型的政策方针，整体上要以国家最新政策为指导，用新观念来进行数字化现代化发展；在实施中反对经验主义，要用科学化的态度来面对农业数字化转型；要了解客户需求，也要对需求端进行合理的价值指引。用新思想、新观念来有意识地助力农业生态协作，进而提高绩效。并在形成共识的理念指导下，培育以政策为主体、产业扶持为指导、科研机构（高校）等多主体协同创新的农业数字化转型氛围，在实践中体验和把握机遇，从而增加自身的竞争壁垒。

2. 农业数字化转型的要素协同

在数字化转型背景下，对农业数字化转型要素的支持框架进行构造、增强各个要素的聚集程度、优化要素的资源配置。健全农业数字化转型的法律法规问题，增强对于数据资产和共享的信息资源的保护，降低农业数字化转型协同的风险；土地、资金、人才、科技等多种要素共存，较为平均，无突出的单一要素，多为植入性，缺乏原生属地特征，农业数字化转型的相关行业协会要积极在企业组织间进行交流，协助企业进行信息共享与交换，加快知识链与技术链在农业产业链中的扩散，实现农产品、数字要素、金融资本和人力资源的协同发展。

3. 农业数字化转型的网络协同

在协同理论指导的系统中，通过资源互补与结合，形成农业数字化转型的产业链和价值网，在复杂系统中，对于传统农业产业链和价值网弱势部分进行整改，形成更加成熟的产业链和价值网，也可以促进在系统内部建立信息桥梁，如今是大数据时代，外部环境复杂多变，通过各子系统或者子要素之间的信息桥梁，可以加速信息的流通速度，随着数字经济的发展，带来了转型新环境、新的数字技术、新的资源禀赋，利用大数据技术，可以使协同网络得到的信息更加迅速和高效地转化和系统内传播，从而可以提高农业生态协作系统的绩效。

4. 农业数字化转型的主体协同

协同网络中主体数量多，类型多样；具有一定的产业关联度、协同性；多数拥有平台型公司统筹运营，存在多个经营主体。在协同系统中，数字农业科技企业、高校、金融机构等子系统与农业经营主体进行合作与共享，通过积极把握外部需求来进行产业链的可持续优化，通过"命运共同体"来对整个协同系统进行优化，同时也要强化主体与数字环境的协同效应，整合和协同社会资源，全面进行资源沉淀，积极响应外部环境变化，结合自身优势劣势进行回应，从而可以提高农业生态协作系统的绩效。

2.4　绩效评价理论分析

回顾百余年来管理思想的发展历程，可以发现，各管理学派和各种管理思想的起点和最终追求都是为了提升组织绩效、提升群体（部门）绩效，以及提升个人绩效，由此可见，管理学的发展实际上也代表着绩效管理的发展。随着理论和实践的不断发展，管理者必须运用各种管理工具，吸收整合多种管理思维，构建一个与组织战略相匹配的绩效评价模型。研究数字经济对提升农业生态协作系统绩效的影响与内在机理不仅需要从定性角度进行分析，还要运用实证方法加以证明，保证相关研究可以从案例个体维度上升到理论高度，并指导实践。

2.4.1　绩效与绩效评价

1. 绩效的内涵

绩效一般指组织、团队或者个人在有限的资源和特定的条件和环境下的履职表现和任务完成的成绩和效益，能够衡量和反馈组织目标的完成情况，是组织核心价值观、组织愿景、组织使命和组织战略的重要表现形式。结果观认为绩效就是结果或者产出，将绩效定义为完成某种任务或达到某个目标。结果观主张把绩效看作是工作的实际产出，这种主张会导致忽视行为过程，缺乏对行为的监控和引导，追求短期效益，不利于组织协同，增大了资源配置的难度。行为观认为绩效就是行为，将绩效界定为执行某项活动、完成某项任务或行使某种职能的行为或过程。行为观认为行为必然导致结果，对行为进行控制也就是对结果的控制，这种主张会导致组织局限于眼前的某项工作，缺乏对工作的长远规划，造成短视化，最终难以实现预期目标。综合观认为绩效 = 结果 + 行为，绩效是包含行为、产出和结果的综合概念。在管理实践中，既要强调投入也要强调结果，即既要考虑行为过程，也要考虑行为结果，绩效是行为与结果的统一。

　　绩效在不同的情境中具有不同的解释，随着管理实践的发展，学界对绩效的认识在不断变化：从只用数量衡量绩效，再到强调质量，再到强调满足利益相关者的需求；从强调"短期绩效"到强调"长期绩效"。无论是对整个组织还是对组织成员来说，都要以发展的、系统的、动态的眼光来理解绩效的内涵，全局性、综合性地看待绩效产生的来源、创造绩效的过程、绩效形成的时间、形成的方式和路径以及结果。

　　绩效具有以下五个特征（彭国甫，2005）：一是可以用系统的产出和投入的比例关系表示。不仅要考虑到有形的投入和产出（如资金，设备等），也要考虑到无形的投入和产出（如服务、知识、创新、社会责任等）；二是绩效评价要兼顾质量和数量，也就是既要考虑到效率，也要考虑到效能；三是绩效的本质不仅代表一种客观评价，也包含主观因素；四是绩效具有双重导向性，也就是既要考虑到组织目标的实现，也要考虑到对组织成员的激励作用；五是绩效评价指标既包含定量指标，也包含定性指标。

　　2. 绩效评价的内涵

　　绩效评价是指运用一系列评价方法、评价标准和量化指标对组织、团体或者个人绩效目标的完成情况做出综合性评判。组织绩效评价就是建立一定的指标体系，对组织的运行效果做出综合性评价。组织绩效评价具有重要意义：一是进行绩效评价有利于组织战略的实现。绩效评价具有指导组织、群体或个人行为的导向作用，能够使行为不断向组织战略靠拢。组织想要实现战略，必须首先将战略分解为具体的、可量化的目标，明晰组织成员的能力和责任，绩效评价的意义在于引导组织成员行为和结果不断向战略目标靠近，最终实现组织战略。二是进行绩效评价有利于绩效水平的提升。以各种评价指标为基准对组织绩效进行评价，可以及时反映组织运行存在的问题，通过沟通和反馈分析问题出现的原因，依据评价结果有针对性地制定改进计划，提高组织运行效率，有利于提升各层面的绩效水平。三是进行绩效评价可以为各类管理决策提供依据。从多方面、多角度对组织进行绩效评价，有助于分析组织多方面的运行水平，平衡控制投入和增加产出的矛盾，平衡不同群体之间的矛盾，平衡不同组织目标之间的矛盾，扬长补短，为各种管理决策提供依据。

　　组织绩效评价的流程一般包括：第一，确立评价目标，明确评价目的和评价对象，制定绩效评价计划。第二，构建绩效评价指标体系，通过梳理文献和在征求有关专家意见的基础上，形成绩效评价指标体系。第三，整理与分析数据，对收集到的数据进行整理，界定和归类，运用各种评价方法对数据进行分析，得出评价结果。第四，对绩效评价的结果进行分析和总结。

2.4.2　绩效评价的理论基础

1. 目标管理理论

目标管理可以分为三大阶段，一是目标制定阶段；二是目标实施阶段；三是目标执行效果评价阶段。其基本思想体现为：将组织使命和任务转化为组织目标，并动员全体成员参与制定组织目标，依据实际状况将目标具体化，落实到组织的各层次、各单位和各个成员；在执行目标时明确各层次、各单位和各成员的责任，以组织目标为导向，做到上级权限下放，下级自我管理；在评定目标执行的效果时，以具体目标为标准，多层次评价相结合。

实施目标管理有助于提高组织管理的效率，目标管理以结果为导向，组织目标体现着对组织成员的期望，使组织成员对各自的任务和责任做到心中有数，明确责、权、利，实现自我管理。组织成员共同参与制定组织目标，促使组织成员朝一个方向努力，有利于提高组织资源配置效率，减少摩擦。实施目标管理有助于对组织运行状况进行宏观掌控，为组织制定总体目标，对总体目标进行分解并不是目标管理的终点，组织管理者需要经常对目标的落实情况进行监督，评估实际执行工作的成果与组织目标的差距，当出现偏离时，及时纠正。换句话说，目标管理本身就是一种结果控制的方式，如果一个组织已经有了一套明确的可考核的目标体系，那么其本身就是进行监督控制的最好依据。

2. 组织效能理论

从管理学学术研究角度来看，研究组织绩效离不开组织效能理论。任何组织可以利用的资源都是有限的，对组织效能进行评价对于组织发挥最大效用尤为重要。一些学者通常把组织绩效与组织效能分开，组织效能通常指组织的总体表现，而绩效通常是指经营成果，效能的概念通常要更广泛一些。

组织效能主要体现在能力、效率、质量和效益四个方面，能力是组织运作的基础条件，体现组织的发展潜力；提高效率是所有组织的天然要求；质量体现组织存在的价值，是组织所提供的产品或功能满足目标客户的需求；效益是指组织运行的产出，指组织增加值或附加价值，是组织存在的基础。彼得·德鲁克（Peter Drucker）认为，效能是指选择适当的目标并实现目标的能力。芬卡特拉曼和瓦苏德万·拉马努贾姆（Venkatraman and Vasudevan Ramanujam，1986）从战略视角对组织绩效的测量进行概念框架的研究，将绩效测量分为三类。首先是财务绩效，主要用财务指标来测量，如投资回报率、净资产收益率和销售增长率等，这是绩效最窄的构念。其次是将财务绩效和运营绩效相结合的构念，在原有财务绩效测量指标的基础上加入了运营绩效的测量指标，如新产品导入、市场份额和产品质量等非财务指标，运营绩效也会在一定程度上影响财务绩效。最后是组织效能的构念，在财务绩效和运营绩效的基础上，考虑到了多种要素和利益相关者的影响，是最宽泛的一个概念。何清华等（2015）从组织行为学角度来分析组织绩效与组织效能的概念，绩效一般指行为所产生的结果，是对目标的实现，而效能是对绩效进行的价值评判，是组织目标的达成程度，是更高层次的评价和内涵。"绩效"与"效能"在其本质内涵中都体现了组织运行的效率和效果，在本书中，绩效是一个更宽泛的概念，并不将组织绩效与组织效能进行严格区分。

3. 生态经济效益理论

生态经济学萌芽于17世纪末18世纪初，古典经济学家对经济增长与资源承载力和环境容量的关系进行了讨论。20世纪20年代中期，美国科学家奥利·麦肯齐（Aulay McKenzie）第一次用生态学概念对人类社会开展研究。20世纪60年代后期，美国经济学家肯尼思·博尔丁（Kenneth Boulding）第一次使用了"生态经济学"的概念。20世纪80年代，中国生态经济学学科体系确立，将生态系统和经济系统有机结合成为复合型生态系统，强调着眼于复合系统研究人类社会的经济关系、经济行为及效果（许涤新，1987）。

生态经济效益是指生态要素和经济要素通过技术手段，通过合理组合与优化，所产生的物质循环、能量转化和价值增值效率，实现生态效益是生态经济学的一个核心问题（姜学民，1990）。人类经济活动受到生态系统的限制，经济活动与生态环境不是相互独立的关系，经济社会的发展离不开生态系统的支持，经济效益的实现以实现生态效益为基础，不能仅仅追求经济效益而忽视生态效益。生态系统具有无限的潜力，技术要素、经济要素和社会要素是使生态系统发挥生产力的"催化剂",生态效益影响经济效益的实现,要保护生态环境,珍惜生态资源,使经济增长与生态平衡齐头并进。

生态农业是指在保护、改善农业生态环境的前提下,遵循生态学、生态经济学规律,运用系统工程方法和现代科学技术,集约化经营的农业发展模式(沈满洪,2009)。农业生态经济效益是指在农业生产领域实现经济效益和生态效益的统一。与工业生产相比,农业生产更依赖自然生态系统,自然生态系统是农业生产的基础,自然生态系统平衡稳定,农业生产也会更加顺利,如果只是一味追求经济效益,使自然生态系统遭到破坏,会直接限制农业生产和生活,这样的经济发展只是暂时的,并且会造成难以承受的后果。农业生态系统与农业经济系统有机融合,既要重视农业经济的快速发展,也要注意对生态系统的保护,发挥自然资源、经济投入和现代科学技术的复合效应,促进经济再生产和自然再生产协调发展,使生态农业系统结构更加合理,在最大限度上实现生态经济效益。

利益相关者与组织目标有密切的关系,他们会影响组织目标的实现,或组织目标实现过程中的各种组织行为会对他们产生影响,他们的利益与组织活动息息相关,而组织目标也随着利益相关者的变化而变化,他首次将组织所处的社区、政府和环境等因素纳入利益相关者的研究范畴,进一步丰富了利益相关者理论。克拉克森(Clarkson,1995)提出了两种利益相关者的划分方法,极具代表性:第一种是依据利益相关者在组织运营过程中承担风险的方式,划分为自愿利益相关者和非自愿利益相关者。第二种是依据与组织联系的紧密程度,划分为首要利益相关者和次要利益相关者。在此基础上,惠勒(Wheeler,1998)将社会性维度引入对利益相关者的划分,社会性与非社会性的区别在于是否通过人的参与形成联系。社会性具有高和低两个层次,联系的紧密性也具有高和低两个层次,两两排列组合,将利益相关者划分为四种:社会性高、联系紧密的群体为一级社会性相关者,如顾客、供应商等;社会性高、联系不紧密的群体为二级社会性相关者,如当地居民、其他相关企业等;社会性低、联系紧密的群体为一级非社会利益相关者,如自然环境等;社会性低、联系不紧密的群体为二级非社会利益相关者,他们对组织没有直接影响,与人不产生直接联系。米切尔(Mitchell,1997)认为,对利益相关者进行划分应该是动态的,他提出了利益相关者具备的三个属性:对组织拥有法律或者道义上的索取权、能够对组织决策施加影响、能引起管理者的关注。同时拥有三种属性的群体为确定性利益相关者，如股东、职员等，组织必须努力满足他们的诉求；满足两个属性的群体为预期性利益相关者；满足一个属性的群体为潜在性利益相关者，由于利益相关者具有的属性不同，他们对组织的影响和重要程度也不同，环境、政策和战略的变动导致他们的属性发生变化，他们的身份是动态变化的。

4. 三重盈余理论

"三重盈余"最早在 1998 年由约翰·埃尔金顿（John Elkington）提出，当时他任 Sustain Ability 公司总裁职位。三重盈余的核心思想是企业在发展的进程中，要满足经济繁荣、保护环境和社会福利三方面的平衡，对于一个追求持续健康发展企业来说，不能仅关注财务业绩的提升，也要注重环境保护和履行社会责任，提升生态绩效和社会绩效。

"三重盈余"模式揭示了组织的经济责任、生态责任和社会责任，赵佳荣（2009）利用"三重绩效"评价模式对农民合作社进行绩效评价研究，证实了该模式的可行性。在农业生产领域，经济发展、环境保护和履行社会责任具有重大现实意义：从提升经济绩效角度来看，"三重绩效"是实现盈利、保护环境和履行社会责任的和谐统一，有利于农业企业提高自然资源利用率，生产绿色产品，带动农村经济发展，增加农民收入，树立良好的品牌形象，提高社会美誉度，特别是在国际贸易市场，打破"绿色贸易壁垒"，不断提升品牌价值。从提升生态绩效角度来看，有利于农业企业强化生态环保观念，建立资源节约型、环境友好型农业生产体系，激励广大农民使用先进科学技术，提高资源利用率，促进农业生态经济系统可持续发展。从提升社会绩效角度来看，实施"三重绩效"评价，考察农业生产的社会绩效，有利于提升当地就业水平，改善就业环境，缩小贫富差距、实现共同富裕，推动农村物质水平和文化生活向好发展，促进农村社会和谐发展。

2.5 绩效评价方法分析

数字农业协作生态系统绩效评价指标体系是指一系列评价数字农业协作生态系统效用的评价指标。需要对评价指标体系进行维度划分，数字经济提升农业协作生态系统绩效的主要表现为：通过降低运营成本、防控系统风险、提高市场效率、提升农作物品质提升农业协作生态系统经济绩效；通过技术积累高度、扩散广度、演化进度、融通深度的演变提升农业协作生态系统的技术绩效；通过传承农耕文化、发扬传统习俗、导入现代文明、中外文化交融提升农业协作生态系统的社会人文绩效；通过净化生态水质、改善农业土质、丰富生物种类、密集自然植被提升农业协作生态系统的环境绩效。对于绩效评价，有不同的模型与评估方法。包括数字化成熟度评估模型、系统分析、比较及关系框图方法、熵权 TOPSIS 方法以及层次分析法和数据包络分析法（DEA）等。其中，层次分析法和数据包络分析法应用较为广泛。本书主要运用层次分析法和数据包络分析法等方法对数字农业协作生态系统绩效评价展开研究。

2.5.1　数字化成熟度评估模型

数字化成熟度评估模型通过评估农业在智能农业方面的能力来为制定未来政策的公司创建一个数字成熟度评估模型。农业部门的生产者可以通过使用拟议的评估模型来了解他们的数字成熟度水平，并分析他们在工业 4.0 要求方面的成功程度。在获得的战略路线图的帮助下，他们可以通过完成数字适应和更准确的决策来利用成本和时间（Büyük A M et al.，2021）。农业知识组织，指提供农业知识的组织，如顾问和科学组织，如何理解和应对数字农业。农业知识和创新系统应更好地支持农业知识提供者进行数字抓取和制定数字化战略，方法是预测可能的未来，并反思这些未来对农业知识提供者的价值主张、商业模式和组织身份的影响（Rijswijk K et al.，2019）。

2.5.2　层次分析法

层次分析法是一种层次权重赋值方法，诞生于 20 世纪 70 年代初，由美国运筹学家萨蒂（T. L. Saaty）提出。层次分析法是一种定量分析与定性分析相结合的决策分析方法，将一个复杂的问题按照不同的层次进行分解，利用主观判断对各层次因素进行定性排序，但用定量的方式进行表示，计算各因素在不同层次和总层次中的重要程度，由此得出不同因素的权重。层次分析法将一个复杂问题先进行分解，再进行综合分析，具有系统性、易理解、灵活性的特点。层次分析法的基本原理如下：化繁为简，将复杂问题划分为若干层次，上一层次的元素对下一层次的元素具有支配作用，但低层次元素只受一个高层次元素的支配作用；对每个层次的因素的重要性进行定性判断，依照其重要性进行排序，用数值定量表示；对逻辑一致性进行检验，确定各个元素在不同层次中的权重。

层次分析法的操作步骤如下所示。

首先，构建元素层次模型。通常将复杂的决策问题划分为目标层（最高层）、准则层（中间层）和方案层（最底层），在本书中，将数字农业协作生态系统绩效评价指标体系划分为综合指标层、一级指标层和评价指标层。

其次，构造两两判断矩阵。通过咨询相关专家对各个指标进行独立打分，求出平均值构造判断矩阵 A，赋值方法采用萨蒂的标度方法，如表 2 - 1 所示。

表 2 - 1   萨蒂的判断矩阵标度方法

标度	含义
1	两个因素同等重要
3	略微比另一因素重要一些
5	明显比另一因素重要
6	比另一因素重要程度较大
9	重要程度远大于另一因素
偶数	相对重要程度介于上述奇数之间
倒数	如果因素 p 与因素 q 重要性之比为 a_{ij}，那么因素 p 与因素 q 重要性之比为 $1/a_{ij}$

$$A = (a_{ij})_{n \times n} = \begin{bmatrix} a_{11} & \cdots & a_{1n} \\ \vdots & \ddots & \vdots \\ a_{n1} & \cdots & a_{nn} \end{bmatrix} \qquad (2-1)$$

层次单排序及一致性检验。CI 为判断矩阵的一致性指标，计算公式为：

$$CI = \frac{\gamma_{max} - n}{n - 1} \qquad (2-2)$$

其中，n 为矩阵阶数，γ 为矩阵最大特征值根。

RI 为同阶随机一致性指标，取值如表 2 - 2 所示。

表 2-2				RI 取值表					
阶数	1	2	3	4	5	6	7	8	9	10
RI	0	0	0.62	0.85	0.98	1.08	1.21	1.38	1.42	1.49
阶数	11	12	13	14	15	16	17	18	19	20
RI	1.51	1.53	1.56	1.58	1.60	1.61	1.62	1.63	1.65	1.66

CR 为一致性比例，当 CR < 0.1 时，符合一致性要求。

最后，层次总排序及一致性检验，计算同一层次的元素对于总目标的权重。

权重向量 W 的计算模型有以下几种。

几何平均法：

$$W_i = \frac{\left(\prod\limits_{j=1}^{n} a_{ij}\right)^{\frac{1}{n}}}{\sum\limits_{i=1}^{n}\left(\prod\limits_{j=1}^{n} a_{ij}\right)^{\frac{1}{n}}}, \ i = 1, \ 2, \ \cdots, \ n$$

算术平均法：

$$W_i = \frac{1}{n}\sum_{j=1}^{n} \frac{a_{ij}}{\sum\limits_{k=1}^{n} a_{kj}}, \ i = 1, \ 2, \ \cdots, \ n \qquad (2-3)$$

特征向量法：

$$AW = \gamma_{max} W \qquad (2-4)$$

求解权重向量 W 并进行归一化处理。

然而，层次分析法具有局限性。首先，在构建层次模型和判断元素重要性时，主要依据主观判断，主观性过强，易发生逻辑失误。其次，层次模型内部关系处于一种非常理想化的状态，在实践中，各元素难以做到完全独立。最后，层次分析法以给定的决策方案为依据，无法实现对决策的创新和改进。

2.5.3　数据包络分析法

数据包络分析法（DEA）起源于法雷尔（Farrell）对技术效率的研究，他指出对决策单元（DMU）有效性的研究必须考虑到多种投入与多种产出的情况。DEA 是一种比较常用的测算生产效率的非参数方法，运用数学规划方法确定生产前沿面，评价具有多个投入和多个产出的决策单元有效性的方法，在业绩评价领域被广泛应用。该方法与其他绩效评价方法相比，可以避免事先人为设定企业绩效权重，使评价结果更具客观性，而且是多指标综合绩效评价，强调评价对象的整体效果最优。

数据包络分析的基本原理是：控制决策单元的输入和输出，使他们保持不变，运用数学规划的方法和获得的统计数据确定生产前沿面，通过比较决策单元与生产前沿面的差距来判断各个决策单元的效率。数据包络分析法（DEA）的评价对象是同一类型的决策单元，满足以下特征的决策单元属于同一类型的决策单元：具有相同的目标和任务；处于相同的外部环境中；投入指标和产出指标相同。每个决策单元都具有一定的经济意义，每个决策单元将投入转化为产出，在这个过程中实现自身的目标。

数据包络分析法被广泛应用。例如，贺志强基于三阶段 DEA 模型的财政支农支出效率对某市财政支农支出的规模、结构和绩效评价管理分析（贺志强，2020）。孟小凯运用 DEAP 2.1 软件建模运算 30 家样本企业 2012～2016 年的指标数据，得到样本公司 5 年间的静态、动态绩效值，通过静态、动态的对比分析 30 家样本企业 5 年间的经营绩效值，各个子行业间的横向和纵向比较，整体发展趋势变化的分析（孟小凯，2018）。米纳尔斯基（Młynarski W）将 DEA 方法与 Tobit 计量模型相结合，认为这是识别影响林区效率因素的一个有价值和有用的工具（Młynarski W et al.，2021）。岳思好运用 DEA 模型，对甘肃省 2007～2017 年农业综合开发产业化经营项目进行绩效评价（岳思好等，2020）。

总之，绩效评估要充分考虑投入产出比、重视效率，促使管理者更合理地安排生产投入，改善资源使用效率。DEA 方法的输入输出是原始数据，各个指标的权重被自动分配，而不需要由人主观设定，减少了主观因素的影响。

除此之外，系统分析、比较及关系框图等方法也常常用于农业数字化转型的评估，系统分析、比较及关系框图等方法分析了农业模型的内涵，阐述了农业模型和智慧农业要素与过程的关系，明确了农业模型的作用并附以应用案例，比较了农业模型的国内外重要发展动态与趋势（曹宏鑫等，2020）。同时，熵权 TOPSIS 方法也是常用的绩效评价方法。熵权 TOPSIS 方法从农业信息化的基础、服务及效益三个方面对数字农业水平进行测算，探索其时空分布特征及作用机制。从资源利用、环境友好、生态保护、农村发展四个维度基于 CRITIC 权重法构建农业高质量发展评价体系，分析其发展的时空差异及规律。使用动态 SYS-GMM 方法和门槛模型探究数字农业与农业高质量发展的关系（段高静等，2021）。

| 第 3 章 |

数字经济背景下农业数字化转型驱动因素
与战略框架

要对数字经济背景下的农业协作生态系统进行科学的绩效评价，就必须明确数字经济驱动形成的农业数字化转型的整体战略框架与模式，并从中综合和提炼出基于数字经济驱动的农业协作生态系统的要素和绩效评价的内在指标体系。因此，本部分自上而下分析了我国农业数字化转型的战略框架及驱动因素，进而解析并构建了农业数字化转型的实施路径，从而为数字经济背景下的农业协作生态系统评价指标体系的提炼提供理论支持。

3.1　问题提出与文献评述

作为事关国计民生的基础性产业，在国家的高度重视和大力支持下，伴随着我国市场经济和改革开放的深入发展，我国农业产业获得了长足进步。粗放的农业生产形式有所转变，农业生产结构不断调整升级，农业生产水平不断提升，科技进步能力不断增强，农业科技进步贡献率达到60%。但农业是自然再生产与经济再生产的有机结合体，当前传统的小农户生产经营模式仍然占据农业生产的主导地位。根据国家统计局《第三次全国农业普查公报》显示，目前我国农业耕地的规模化耕种面积占全部实际耕地耕种面积比重约为28.6%，其中，规模农业经营户所占比重仅为17.0%。农业规模生产占比小，生产碎片化程度仍然较高，导致农业无法摆脱自然条件的束缚，同时极易受到外部不确定性因素的影响（陈学云等，2018），这成为制约现代农业集约化标准化发展的瓶颈。另外，农业产业链各环节联系松散，产业链上下游之间信息不对称（陈子豪等，2020），产业新功能开发能力较为匮乏（李东涵等，2020）也是重要问题。农产品流通环节，物流企业成本控制核算问题突出，数字信息化平台缺失（陈晓忠，2020）。现有农业产业链缺乏数字化、系统化的科学指导，导致数字农业科技企业与农业经营主体盲目跟风研发与生产等，小生产对接大市场，造成供给侧对市场需求把握偏颇。

数字经济是以数字信息和数字技术等软硬件为重要因素，以互联网与物联网为重要载体，推动经济创新发展的经济活动（孙利君，2020）。数字经济被世界经济论坛视作"第四次工业革命"的中坚力量，也逐渐成为中国经济发展的新动能。2019 年中国数字经济占 GDP 的比重达 36.2%。数字经济的蓬勃发展，带来人工智能、5G、云计算、大数据和区块链等数字技术在各产业中的广泛应用和渗透，驱动着传统产业的数字化转型。在此背景下，为解决农业发展过程中存在的诸多问题，我国加快了数字技术与农业产业转型升级的融合步伐，数字农业、智慧农业等成为新时期农业现代化发展的新形态。2017 年《"一带一路"数字经济国际合作倡议》、2018 年《乡村振兴战略规划（2018—2022 年）》《数字农业农村发展规划（2019—2025）》及每年的"中央一号文件"明确提出，要大力发展数字农业、实施智慧农业工程与"互联网＋"现代农业行动，支持农业生产、加工与流通等各环节的数字化改造，构建新型农业数字化经营主体，深化农业供给侧结构性改革，提升农业规模、效率和效益。在国家政策和顶层设计的导向下，近年来我国农业数字化取得积极进展。但同时，数字经济驱动农业数字化转型是一项系统工程，当前农业数字基础设施建设尚未实现大范围覆盖（温涛等，2020），且数字基础设施发展滞后（陈志刚等，2020），数字技术的应用与维护成本高昂，数字技术与农业生产实际需求脱节仍然严重，精细化作业水平有待提升，这些问题影响农业生态和产业安全（辛翔飞等，2020）。数字金融的服务能力与水平，相关配套服务的完善度、协同性与创新性不足等（马威，2021），阻碍了农业产业的高质量发展。普查公报数据显示，相比工业（37.8%）、服务业（19.5%），数字经济在农业中的渗透率还相对较低，仅为 8.2%。数字经济与农业融合的深度与匹配性、实用性有待进一步提高，数字技术与设备设施的先进性与成熟性有待提升。此外，普查公报数据显示，农业生产经营人员中，年龄在 36 岁及以上的占比 82.4%，其中年龄在 55 岁以上的占比高达 32.6%，受教育程度在初中以下人员占比 93%，农业劳动力人口老龄化程度高，劳动力弱质化情况严重（李彤，2020）。同时，服务农业发展的各类人才短缺，农业领域成为人才洼地（孙东升等，2019），这些现状显示当前农业的劳动生产效率和数字资源利用率仍然较低，农业生产信息化、数字化与智能化水平较低，严重滞碍了农业的高质量发展。因此，从现实角度出发，探索与解构农业数字化转型的驱动因素、战略框架与实施路径，对解决我国农业发展过程中存在的问题，促进数字经济与农业的深度融合，实现农业产业数字化，发展现代化高质量农业具有重要的战略意义和实践价值。

关于数字经济对农业经济发展及农业产业转型的影响，国内学者已经展开了多维度的研究。通过对研究文献的梳理可以得出，这些研究主要集中于农业数字化转型的必要性及战略意义、现存问题与制约因素、具体应用场景及对策建议等，其研究成果重点强调了数字技术的应用对农业经济发展的重要作用以及数字经济与农业产业融合是实现农业现代化发展的重要途径。其中，在农业数字化转型的必要性及战略意义研究方面，推进传统农业数字化变革是顺应农业现代化的战略举措（刘元胜等，2020）。在农业数字化发展的现存问题与制约因素方面，当前我国现阶段面临农业数字要素技术效率较低、高素质人才不足等挑战（罗浚文等，2020）。在具体数字化场景方面，卫星遥感技术可实现农业监测（臧晶等，2019），农业供应链金融借助电商平台、大数据和云计算等数字技术向数字化转型（许玉韫等，2020）。在农业数字化转型对策及实现方式方面，国内学者指出要以精准农业驱动农业现代化转型，强调"3S"技术在智慧农业中的应用（刘海启，2019），要利用"区块链＋物联网"技术打破原有农业产业弊端（付豪，2019），要发展多功能现代农业（温铁军，2018），积极推进农业产业融合，培育新型融合主体，构建全产业链数字农业经营模式（汪旭晖等，2020），引导融合主体进行适度规模化与集约化发展，推动农业数字化转型（高升，2020）。综上所述，关于数字经济背景下的数字农业产业及其转型研究取得了一定的理论成果和实践经验，但现有研究也存在一些空白。例如，目前对数字经济背景下数字化农业转型的研究，多为个案类的实证研究，并未将数字化农业进行系统剖析，从而构建数字经济驱动下的数字化农业转型的整体框架；大部分学者的视角和观点多聚焦于数字农业某一节点的策略性研究，忽略了从数字化农业的经济循环系统和价值链主体协同层面来形成数字化农业的动力机制、战略框架和实施路径等内生领域的价值传导逻辑和实践演化逻辑及其相互关系的系统耦合机制。

创新生态系统理论是在 20 世纪 90 年代伴随着信息技术变革驱动形成商业生态系统的基础上演化和发展而来，其认为创新生态系统是由宏观环境、国家政策、产业组织、生产经营企业以及消费者个体等一系列价值创造要素和利益相关者相互作用、相互支撑形成的一个经济共同体（Moore，1993）。按照层次结构，创新生态系统包含宏观层面的国家创新生态系统、中观层面的产业创新生态系统以及微观层面的企业创新生态系统（赵放等，2014），其中，由围绕产业价值链构成的上下游创新主体及其支撑创新主体活动的环境共同构成的产业创新生态系统是创新生态系统的核心，连接着国家创新生态系统和企业创新生态系统。因此，相比于价值链、供应链创新理论而言，创新生态系统理论研究涉及的主体更多、范围更广，不仅关注于企业价值链的创新活动，还关注于社会价值网络与企业价值链之间的动态循环和多层次联动（许冠南等，2020），能够更好地反映数字经济环境下更多元化主体、更广泛性创新、更动态化演进的创新活动。我国农业数字化转型，在宏观层面，既是国家推动"创新驱动发展战略"的具体体现，也是构建国家创新生态系统的重要组成部分；在中观层面，作为产业数字化转型的重要组成部分，数字化农业具备了产业创新生态系统的整体性、开放性、多元性、动态性等特征，更需要围绕多元主体、多层次价值链来构建农业数字化转型的整体战略框架；在微观层面，农业经营主体、农业科技企业和农业服务企业基于消费者的新需求，应用农业数字技术，实施协同创新，形成创新价值网络，最终嵌入农业产业的数字化转型和国家创新生态系统的构建中，形成多层次联动的创新生态系统。

因此，本章将数字经济与农业数字化转型紧密结合，以创新生态系统理论为理论基础，基于创新生态系统理论的层次结构，系统梳理农业数字化转型的多维度驱动因素；基于创新生态系统的产业创新生态系统理论，从数字农业经济系统供给侧和需求侧匹配平衡发展的视角，围绕数字农业产前—产中—产后和涵盖农业上—中—下游的生产资料供给主体、经营主体、配套服务主体与消费者的产业链和农业数字化转型延伸产业链的价值网络机制，构建农业数字化转型的多层次战略框架；在此基础上，基于农业产业创新生态系统运行中各影响要素、各价值主体的交互作用机制，以协同创新为核心思想，构建驱动实现农业数字化转型的实施路径。本章的研究，为新时期提升数字经济与农业的深度融合，实现全面的农业数字化转型并由此构建数字经济背景下的农业创新生态系统提供了理论框架和一定的实践指导。

3.2　农业数字化转型的驱动因素分析

基于创新生态系统的构成层次理论，农业数字化转型的驱动因素包含宏观层面的国家创新驱动、中观层面的产业创新驱动和微观层面的企业创新驱动。首先，在国家创新生态系统驱动农业数字化转型的宏观层面，党的十八大报告正式提出实施"创新驱动发展战略"，创新发展战略理论为农业的全产业链多维度数字化转型提供了理论指导，国家一系列关于农业农村创新发展的政策和制度为农业数字化转型提供了顶层支持。其次，在农业数字化转型的产业创新生态系统层面，数字经济驱动下的知识、信息和数字技术等要素通过引入农业产业创新发展过程，打破了传统农业产业上下游价值链的信息与技术孤岛，提升农业产业数字化与现代化程度，改变了传统农业生产方式和流通体系，拓宽了农业产业链的内在边界和外在延伸领域，形成了农业产业价值链的整合和农业一二三产业融合发展新要求，将驱动农业产业生态系统的全面数字化转型和创新发展。最后，根据创新生态系统和数字化转型相关理论，农业数字化转型不仅涉及数字技术的应用，更需要微观层面的上下游农业生产经营企业、涉农科技企业、农业服务企业、高校、科研院所等价值创造主体充分认识到农业数字化转型的重要性、适应农业数字化转型的趋势并以消费者需求为核心通过协同创新来推动供给侧高质量发展进而实现与需求侧的动态平衡（杨伟等，2020）。因此，当前无论是国家创新生态的宏观政策制度支持，还是产业创新生态发展过程中农业产业融合发展的演化趋势以及企业创新生态系统框架下新型农业经营主体与消费端消费需求升级，都形成了农业数字化转型的重要驱动因素，如图 3 - 1 所示。

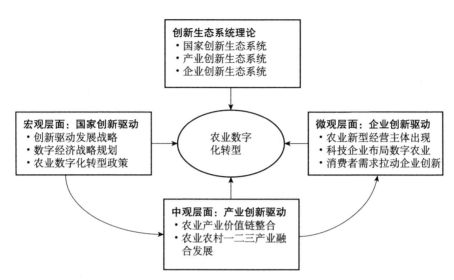

图 3 - 1　基于创新生态系统理论的农业数字化转型驱动因素分析框架

3.2.1　国家层面：宏观政策与制度为农业数字化转型提供顶层支持

宏观政策的引导扶持、统筹协调以及带来的政策红利将使得农业数字化转型迎来新机遇，驱动农业数字化转型的战略性发展。当前，我国深入实施"创新驱动发展战略"，坚持创新在现代化建设全局中的核心地位，坚定不移地加快数字化发展，强调将知识、信息和数字技术等要素引入农业产业创新发展过程（王海燕等，2017），强调营造良好的制度环境，催动要素、产品、组织和发展方式等多维度的开放式创新，为农业数字化转型提供了宏观制度环境。在国家创新生态系统的整体框架下，党中央和国务院高度重视农村农业数字化新基础设施建设，大力推进数字中国建设，实施数字乡村战略，加快5G网络建设进程，为农业数字化转型提供了有力的政策支持。

1. 党中央和国务院高度重视"三农"工作，为农业数字化转型提供了顶层制度支持

党中央和国务院高度重视"三农"工作，从顶层设计层面为农业数字化转型提供了法律和制度支持。比如，2019 年中共中央、国务院印发的《关于

坚持农业农村优先发展做好"三农"工作的若干意见》大力鼓励现代信息技术进一步与农业融合。这在一定程度上加速了企业研发有关提升农产品生产、加工和流通质量的技术与数字设备，推进农业发展由增产转向提质方向。2020年中共中央、国务院印发的《抓好"三农"领域重点工作确保如期实现全面小康的意见》要求依托现有资源建设农业农村大数据中心，加快物联网、大数据、区块链、人工智能、第五代移动通信网络、智慧气象等现代信息技术在农业领域的应用，同时开展国家数字乡村试点。作为"十四五"规划的开局之年，2021年中共中央、国务院印发的《关于全面推进乡村振兴加快农业农村现代化的意见》对实现农业现代化、农村现代化进行了全面布局。在农业现代化方面，指出要通过构建现代乡村体系与现代农业经营体系，推进农业绿色发展。因此，中央一号文件为"三农"发展擘画了蓝图，为农业产业数字化升级、产业链结构优化提供了重要制度依据，同时带来了农业数字化转型的供给侧改革红利。

2. 国家农业农村系列规划为农业数字化转型提供了战略方向和实践指导

以中央一号文件为顶层制度要求，国家关于数字经济发展、美丽乡村建设和数字农业发展等系列的文件，都明确了农业数字化转型的总体方针，为农业数字化转型提供了战略方向和实践性指导。比如，2017年，《"一带一路"数字经济国际合作倡议》鼓励农业经营主体利用大数据和人工智能等高新技术成果与农业产业结合，推动农业数字化转型。2018年，《乡村振兴战略规划（2018—2022年）》强调要大力发展数字农业，实施智慧农业工程和"互联网＋"现代农业行动，鼓励对农业生产进行数字化改造，加强农业遥感、物联网应用，提高农业精准化水平，同时鼓励建立农产品生产精细化管理与品质控制体系，进一步形成以区域公用品牌、企业品牌和特色农产品品牌为核心的农业品牌格局，构建我国农产品品牌保护体系。2019年5月发布的《数字乡村发展战略纲要》明确了发展农村数字经济是构建信息化美丽宜居乡村建设、脱贫攻坚的重要任务。《数字农业农村发展规划（2019—2025年）》指出未来"十四五"时期是推进农业数字化的重要战略机遇期，要加快数字技术推广应用，大力提升农业数字化生产力，推动农业高质量发展和乡村全面振兴。因此，国家一系列关于农业农村的发展规划，都明确了农业数字化在新时期促进我国农业农村高质量发展中的地位，明确了农业数字经济发展的重要性，这为我国农业实现数字经济与农业的深度融合，促进农业转变发展方式，优化发展结构，实现数字化发展提供了直接的源动力。

3.2.2　产业层面：产业整合与融合发展驱动农业数字化转型

1. 农业产业价值链整合驱动农业数字化转型

随着农业现代化水平提升，我国农业产业规模不断扩大，农业产业呈现出产业整合的态势。为降低成本，提高利润率，农业经营不断进行业务自我扩张，通过纵向一体化与协同合作等手段不断延伸产业链。涉农企业通过并购整合不断重塑自身价值链体系，逐步实现从育种到消费等农业生产服务管理上下游产业的整合，不断强化自身供给端的成本优势，提升品牌价值。同时，地区优势农业生产要素之间也进行了整合，通过协同共建开放的农业数字化平台，构建实施精细化分工管理的条件，搭建了协同、开放、共享的数字农业产业生态集群，对农业数字化资源进行整合，优势互补，形成了以综合性的现代农业产业园为代表的集约高效的数字化新型农业经营方式，驱动构建农业数字化生态系统成为数字化发展新潮流。

2. 农业农村一二三产业融合发展要求农业数字化转型

在农业产业生产要素、价值链等自身整合发展驱动数字化转型基础上，还呈现出农业与二、三产业融合发展的发展态势。以大数据云计算、遥感技术、人工智能、农业物联网、5G技术和区块链为代表的工业互联网数字化技术在农业产业的应用将大幅降低农业劳动生产成本，提升农业生产要素的效率，推动数字农业产业朝着跨界融合、精准化和品牌化的方向深度转型。对此，在2020年10月通过的《中共中央关于制定国民经济和社会发展第十四个五年规划和二〇三五年远景目标的建议》中明确指出，要提高农业质量效益和竞争力，适应确保国计民生要求，以保障国家粮食安全为底线，健全农业支持保护制度，强化农业科技和装备支撑，提高农业良种化水平，健全动物防疫和农作物病虫害防治体系，建设智慧农业，发展县域经济，推动农村一二三产业融合发展，丰富乡村经济业态，拓展农民增收空间。

3.2.3 企业层面：新型农业经营主体与科技企业推动农业数字化转型

1. 新型农业经营主体适应和推动了农业数字化转型的趋势与速度

随着数字经济在农业领域的渗透和发展，农业经营主体开始由传统的分散、小规模的小农户经营逐渐转变为家庭经营、集体经营和全新的数字化新型农业经营主体。家庭经营主体出现了专业化经营和家庭农场等新形式。集体经营由专业的农民合作社、集体经济和农业企业进行农业生产托管（姜长云，2020），利用"农业遥感""3S技术""物联网"等监测农业大数据，从而实现对农业生产经营和管理服务进行科学化的规模生产和标准化的集约管理。全新的数字农业经营主体如农业技术与知识模型数据库运营商和智能无人机飞防业务经营商等。新型农业经营主体通过构建由分散化到集中化的科学高效农业数字化管理模式，有效破解了耕地分散化和破碎化问题（冀名峰等，2020），有利于小农户与现代农业的衔接（陈晓华，2020），降低了生产、管理成本，提高了单位产出水平、农产品质量和整体收益，加快了农业数字化转型升级的速度。除此之外，依托专业合作社、家庭农场和农业企业等创新型农业经营主体，催生了农业职业经理人、新型职业农民、"新农人"和专业社会化服务组织，对农业生产要素进行精细化经营与管理，提升了数字化科技成果向现实农业生产力转化的效率，更好地适应和推动了农业数字化转型的趋势与速度。

2. 科技企业在数字农业领域的布局助推农业数字化转型

伴随着信息技术革命的深入发展、农业生产规模的进一步扩大以及适应现代农业发展的要求，在传统种业、水务、植保、农产品加工等农业企业纷纷进行数字农业转型的同时，越来越多的互联网龙头企业和科技企业开始布局数字农业领域。数字农业科技企业聚焦于先进数字技术在农业中的应用、数字硬件设备研发和智慧一体化农业问题解决等领域，在农业技术设备研发、生产和解决实际问题上有了长足的进步。早期由于农业数字化转型依赖大量的先进信息技术、传感器和物联网等基础设施设备，且前期研发投入巨大，后期应用维护成本较高，因而数字农业科技企业解决农业实际问题的效果有限。但随着数字农业科技企业的大量涌入，数字农业科技企业分工更加细化和专业，数字智慧设备迭代创新加速，数字化科技成果向现实的农业生产力转化速度加快，带来数字农业科技企业研发积极性提升，由此助推农业生产成本逐渐降低，数字农业设备的实用性和适配性增强，出现了数字化智能温室、数字化灌溉托管、智能化水培等新农业生产形式，更好地推动了农业数字化转型。

3.2.4　消费者层面：消费者需求升级拉动农业数字化转型

当前，我国社会主要矛盾已经转化为人民日益增长的美好生活需要和不平衡不充分的发展之间的矛盾。人民对美好生活的向往带来了我国消费水平和消费需求的升级。2018 年 4 月，商务部全面启动消费升级行动计划，提出要"促进绿色循环消费"，我国居民消费结构呈现加速升级趋势。《国民经济和社会发展统计公报》显示，2020 年全年全国居民人均可支配收入 32 189元，比 2019 年名义增长 4.7%，人民生活水平进一步提升，消费需求持续升级。这使得在选择农产品这一必需品时，消费者的消费需求由数量需求和饱腹追求转向对农产品品质的追求，催生了多元化的农产品消费需求。同时消费者越来越注重所购农产品的品牌。"物联网"、"农业大数据"和"遥感技术"等数字技术在农业领域的应用可以推进农业生产标准化，进而有效控制和提升农产品品质，从而带动和支撑农业品牌的成长。

同时，随着数字经济在农业领域的纵深发展，农业数字化转型可以帮助企业洞察消费需求变化，迎合新兴、多样化的消费趋势。例如在后疫情时代，农产品购买呈现出线上化趋势，大数据可以帮助企业洞察这一变化，推动了农产品电商直播成为营销新趋势（昝梦莹等，2020）。此外，粮食安全与农产品安全问题也是消费者关注的重点。越来越多的消费者偏好购买地理标志产品、可溯源的农产品等。区块链等数字化技术有效解决了农产品溯源的非连续性问题，为农产品安全溯源提供了依据。此外，AI 个性化情感计算等数字技术的应用使得农产品供给端能精准捕获来自需求端的即时反馈和互动，通过及时调整和适应性创新，确保产品产销更加符合消费者需求。除了农产品消费的需求升级，快节奏的城市生活和喧嚣的城市环境也导致越来越多的城市居民开始向往和回归田园生活，推动了农业与第三产业的融合，激发了乡村旅游休憩和特色农业饮食等的发展活力，驱动越来越多的地区挖掘特色农业资源，搭乘数字化快车和渠道拓展农业产业新业态和新功能。

综上分析和梳理，基于创新生态系统的理论框架，农业数字化转型的驱动因素包含国家政策层面的制度支持、农业产业层面的价值驱动、新型农业经营主体与科技企业层面的发展助推以及消费者对美好生活的向往的需求拉动四方面，这四方面形成了从宏观制度→中观产业→微观企业和消费者需求有机统一的农业数字化转型的动力机制，总结如表3-1所示。

表3-1　　　　数字经济背景下农业数字化转型的多维驱动因素

多维驱动机制	具体驱动因素		
国家层面：宏观政策与制度支持	2017年	《"一带一路"数字经济国际合作倡议》	鼓励高新技术成果与农业结合，推动农业数字化转型
	2018年	乡村振兴战略规划	实施"互联网+"现代农业行动，鼓励建立产品品质控制体系
	2019年	中央一号文件	支持现代信息技术与农业融合，农业发展由增产转向提质
	2019年	政府工作报告	深化农业供给侧结构性改革
	2019年	数字乡村发展战略纲要	到2025年，数字乡村建设取得重要进展，2035年，数字乡村建设取得长足进展，到21世纪中叶，全面建成数字乡村
	2019年	《中国的粮食安全》白皮书	深化农业供给侧结构性改革
	2019年	数字农业农村发展规划	"十四五"时期是推进农业数字化的重要战略机遇期
	2020年	中共十九届五中全会《中共中央关于制定国民经济和社会发展第十四个五年规划和二〇三五年远景目标的建议》	把农业现代化作为国家现代化的优先任务，深化农业供给侧结构性改革，强化农业科技和装备支撑，推动农村一二三产业融合，加快构建农业产业体系、生产和经营体系，全面提升农业规模化、科技化、市场化、国际化、信息化和标准化水平
	2021年	中央一号文件	加快农业农村现代化，全面推进乡村振兴，推进农业供给侧结构性改革
产业层面：农业产业价值驱动	农业产业价值链整合驱动农业数字化转型		
	农业农村一二三产业融合发展要求农业数字化转型		

多维驱动机制	具体驱动因素
企业层面： 新型农业经营 主体与科技 企业推动	互联网龙头企业和科技企业布局与传统涉农企业转型
	数字技术进步，与农业生产服务管理的融合更加深入
	新型农业经营主体大量出现，提升要求农业数字化转型升级的加速度
	专业的农业产业社会化服务人才与组织出现，提升发展效率
消费者层面： 消费者对美好 生活需求的 向往拉动	消费者需求结构升级，越来越关注农产品品质和品牌
	通过数字技术在农产品流动领域的应用，满足购买便利化和体验化需求
	"回归田园"推动数字农业的多功能开发与产业融合

3.3　农业数字化转型的战略框架构建

在数字经济背景下，产业创新生态系统作为创新生态系统的中观层面，一方面需要依据国家创新生态系统的要求来推进其数字化转型（杨伟等，2020）；另一方面，需要依据产业生态系统自身的构成和创新发展的要求来形成数字化转型的战略框架。对此，张贵等（2018）认为，产业创新生态系统作为创新生态系统的中观层次，其创新发展要围绕不同的产业链形成不同的生产链、服务链、金融链和创新链。孙源（2017）基于共生演化的视角，指出产业创新生态系统包含产业链、价值链和生态链上相互联结的创新群落，在数字经济环境下需要通过产业体系内创新资源的协同开发、交互作用，并基于环境的变化形成共存共生的动态创新演化系统。基于学者们对产业创新生态系统的研究，作为中观层次的产业创新生态系统，农业数字化转型是一个生产数字化与消费数字化集成的农业生态及商业生态全价值链开放闭环系统，包括数字农业经济循环系统和价值链主体协同机制两大体系。从农业经济循环角度而言，农业数字化转型包括产前农业数字化要素投入、产中数字化管理、产后数字化流通与消费的全过程，形成了农业生产数字化，进而通过消费数字化倒逼生产数字化升级的数字农业经济循环闭合系统；在此过程中，围绕数字化农业生产的产业链形成涵盖产前、产中和产后的数字化农业配套服务的要素供给，并基于农业一二三产业融合发展的趋势，推动形成数字农业产业价值链延伸产业。从数字化农业价值链主体协同机制来看，农业数字化转型围绕农业数字化供给端经营主体和需求端的消费者主体，形成农业种养企业、农业机械企业、数字农业科技企业、农业生产经营主体企业、农业生产流动企业以及数字化农业配套服务商、数字化农业延伸产业等多种主体在内的协同化发展机制。

综上所述，本书基于产业创新生态系统的理论思想，从数字化农业的经济循环系统和价值链主体协同发展视角，围绕数字农业产前、产中、产后的生产数字化与消费数字化的经济循环和涵盖农业上游、中游、下游的生产资料供给主体、经营主体、配套服务商、消费者的全价值链机制，构建了农业数字化转型发展的整体战略框架，如图 3－2 所示。在该战略框架中，我国农业数字化转型的整体思路是基于数字农业经济系统的供给侧与需求侧匹配平衡，以农业生产数字化和消费数字化构成的生产经营全过程数字化转型为核心，以围绕农业产业链上下游形成农业数字化的配套服务产业、数字经济与农业深度融合的农业价值链延伸产业数字化发展为支撑的三位一体的数字化转型战略机制。通过该战略机制的构建和实施，将最终形成一个农业产业链、价值链和生态链相互作用、相互支撑并随着数字经济环境发展而不断动态演化的农业产业创新生态系统，促进农业产业的高质量发展。

3.3.1　农业生产经营过程数字化转型

农业生产经营全过程的数字化转型，是农业数字化转型的核心，围绕农业产业链的上下游，由供给端到需求端的产前、产中和产后的要素投入，农业生产与农产品加工，农产品流通与消费洞三个环节构成。在上述环节，通过数字技术应用和数字化运营等，完成产前管理科学化、产中生产标准化和产后营销数字化，从而实现农业生产经营全过程的信息化和数字化，提升农业产出效率和质量。

1. 产前投入科学化的数字化转型

基于农业生产资料研发与生产数字化和流通数字化构建农业产前管理的数字化转型框架，推进农业产前投入的科学化。首先，农业生产资料研发生产数字化包括生猪、禽类与种子等生物质品种研发和农机农械研发等。生物质品种数字化研发是借助转基因技术、分子生物等现代生物技术叠加运用云计算等数字信息技术，将研发编码规则数字化表达，进而构建数字农资研发

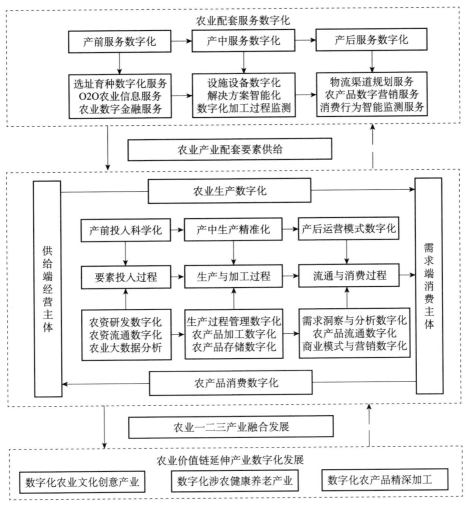

图 3 - 2　农业数字化转型的战略框架

资源数据库，实现对农资遗传性状的智能筛选和数字化自动管理。农机农械研发数字化是借助历史研发大数据和智能算法建构数字研发实验室，利用人工智能机器人测试，从而实现农机农械的智能芯片、角度传感器、自动驾驶和精准作业算法等软硬件创新，进而建立无人数字化工厂实现农机农械智能高效组装生产。其次，农业生产资料流通数字化是利用互联网电子商务和消费大数据实现农业生产资料流通销售由传统渠道和方式转变为 O2O 协同电商模式和互联网数字化销售服务平台，实现供给端销售渠道更扁平化，需求端选择更多元化便捷化，农业生产资料流通更高效化，降低交易成本，增强产前投入管理的科学性。最后，借助于农业大数据优势，加强对农业土地资源、产出条件等方面的大数据分析，为农业产业的布局、产品品种的选择和选址等提供精准化的指导意见，确保农业资源投入的高效性。

2. 产中生产标准化的数字化转型

在农业产中生产与加工阶段，主要是通过数字技术的应用实现生产过程管理和农产品加工存储等的标准化。首先，要利用信息化手段建设数字信息基础设施，同时构建数字化决策平台和系统，实现对日常作业的"天空地"统筹管理。其次，要利用农业物联网设备、大数据云计算和5G等数字化技术，感知、获取、传输、存储和分析收集到的各环节信息，整合形成农业大数据，利用数字化农机设备设施进行标准化土壤检测、智慧种植和养殖指导、病虫害防治管理、长势监测、精准水肥管理和产量预测等动态监管等，实现农业生产全过程的数字化信息监测感知、定量精准决策和精准智能化作业与管理，从而保障农作物的高产出和高品质。最后，在农产品加工生产中利用自动化机械对农产品进行清洁、筛选与预处理，运用物联网、大数据等数字技术和人工智能机器人系统对农产品加工过程进行监督，对加工的农产品所含有的防腐剂、保鲜剂等安全性指标进行预警与反馈，对农产品进行辐照处理并登记数字化记录台账，确保加工流程标准化，全程可视化，加工过程各环节高度协同，加工质量事前可控，加工成本和损耗得到压缩；同时，为符合消费者需求，在加工效果上，利用大数据智慧温控系统和冷链技术对农产品尤其是生鲜农产品进行精准温控保鲜处理，保障农产品的新鲜程度、口感、营养损耗的最低程度减少，确保食品的质量安全。

3. 产后运营模式的数字化转型

产后运营模式的数字化转型包含需求洞察与分析数字化、农产品流通数字化和商业模式与营销数字化三方面。第一，消费需求洞察数字化是要借助大数据工具精准分析需求端需求变动，促进需求端反馈回流，形成正向和逆向结合的农产品产销闭环。为此，要利用大数据工具捕捉—搜集—分析农业产业链全渠道海量需求数据，结合人工智能情感计算，精准洞察需求变动，使农产品的营销定位和价值诉求更精准地符合需求端需求。需求端的动态大数据由数字终端反馈到供给端数据信息中心，供给端再对所接收需求端反馈进行处理，借助需求端反馈指导农业再生产，实现需求牵引供给、供给创造需求的动态平衡。第二，农产品流通数字化包括流通渠道数字化、物流管理数字化与交易与金融服务数字化三部分。其中，农产品流通渠道数字化是基于互联网支撑，实现更广阔、更扁平和更多元的流通渠道，降低交易成本。打破农产品线下市场流通和长渠道传统，构筑农产品线上流通交易平台，通过互联网开辟 O2O 流通新渠道和新市场。物流管理数字化是利用物联网和定位系统实现流通得更高效，借助 GIS 系统结合物联网对道路交通状况进行实时监测和传输，依靠可视化人机交互界面进行路线规划，通过 GPS 跟踪定位系统获取在途车辆的编号信息、准确位置及运行状态等，确保及时协调与调度、配送各环节衔接顺畅并提升运输效率。交易与金融服务数字化一方面是借助云端和 5G 互联网技术，实现农产品交易结算方式数字化和无纸化，提升农产品交易效率；另一方面要借助互联网和区块链技术实现数字金融普惠服务，通过数字支付、掌上银行、数字投资与借贷服务提升农产品交易速率。第三，商业模式与营销数字化是基于数字技术进行的农业商业模式创新和数字化营销策略构建。基于商业模式创新的价值主张创新、价值创造与传递创新以及价值获取创新三维度理论，产后农业企业商业模式创新是利用计算技术（云计算、边缘计算、区块链技术）打破价值主张壁垒，将消费者多元化需求与消费者互动行为转化为结构化数据，从而实现农业价值主张的精准定位；在农业产业链中链接创新利益主体与创新业态，通过发挥产业链及农业与二、三产业的协同效应，实现价值创造与传递的广度与深度的拓展，同时缩短价值获取的中间过程，最终实现农业商业模式创新。同时，由于农业的基础地位和数字技术的无界性，基于数字化转型的农业商业模式的创新，还要求农业企业不仅仅要围绕农业单一产业进行，而是基于产业融合与价值共创进行创新（阮俊虎等，2020），并在此基础上通过新产品开发、新零售渠道场景、新媒体推广等策略的创新，构建基于线上线下的 O2O 数字化营销策略。

3.3.2　农业配套服务数字化转型

农业配套服务贯穿于农业生产经营全过程，为农业生产各环节提供数字化设施、信息与服务支撑。完善的农业配套服务及其数字化服务转型，既为农业生产经营全过程的数字化转型提供重要的动力机制，同时也是实现农业数字化全面转型的重要构成部分。

1. 产前配套服务数字化

农业生产产前服务数字化主要是为农业生产的选址、培育、选种等提供数字化的农资服务。为此，农业技术服务企业可以借助卫星遥感技术，对环境进行全方位检测和判断，为农业生产选址提供指导意见；同时基于线上线下为农业企业提供 O2O 生物育种培育和选种指导。农业信息服务商通过搭建农业物联网信息系统和平台对各类资源进行整合，打通农资供给和市场需求闭环，对接农资 O2O 采购和租赁业务等，畅通农资物流、信息流和商流；农业数字金融服务方积极开通线上业务办理、移动支付、远程认证，降低农业贷款难度。

2. 产中配套服务数字化

在农业产中生产经营加工阶段，配套服务数字化主要包括软硬件设备设施和生产解决方案的数字化与智能化转型。第一，生产环节设备服务主体要转向提供自动驾驶农机设备、无人机等数字装备，数据服务主体基于物联网系统（遥感、无人机、边缘计算与网络通信设备等）提供农业大数据，技术服务主体基于农业大数据提供算法服务、高精度的定位技术服务、技术应用协助服务和综合一体化的智慧农业问题解决方案等，并实现对农产品生产加工过程的数字化、智能化监测服务。第二，加工环节农业配套服务要提供精准加工设备，并协助完成农产品智能筛选和品类定级，指导农产品企业（农户）基于市场需求和产品品质进行精准化分析、市场定位与标准化加工。

3. 产后配套服务数字化

产后农产品流通与消费阶段的数字化配套服务包括物流网络规划与基于大数据的农产品的数字化营销。在农产品物流网络规划过程中，服务商根据农产品特点及需求，并结合遥感技术与定位系统，协助定制物流网络的规划。在数字化营销配套服务中，服务商根据农产品性质和品级，通过消费大数据的收集和分析协助制定农产品营销策略，如进行农产品电子商务、数字化展贸和大数据营销管理等。农产品营销服务企业以海量的农业大数据和消费大数据来贯通销售环节与生产、加工环节的割裂状态，洞察市场需求，对需求变动及时反应，帮助发展品牌化农业，提高消费者的信任和市场认可。

3.3.3　农业价值链延伸产业数字化发展

数字经济的开放性、无边界性和强互动性等数字化情景和新特征，驱动产业数字化过程中的融合性和开放性发展，从而形成了不同产业之间基于数字化转型的交互发展。因此，数字经济对农业产业的渗透，除了驱动农业产业自身的数字化转型之外，还基于农业新功能的开发，与工业设计、加工等第二产业，同大健康、文化创意等第三产业结合，打造新型农业产业融合业态，提高农业附加价值，拓展产业链价值延伸。具体而言，农业价值链延伸产业数字化发展，主要体现在农业与文化创新产业、健康养老产业、精深加工产业的深度融合等。

1. 农业与文化创意产业的数字化融合

农业与文化创意产业的数字化融合体现在利用 5G 和 3D 等数字技术将现代化和传统的文化创意元素融入农业开发中，向消费者提供农业创意活动、服务和产品等，广泛体现在"互联网 +"认养农业、3D 景观农业、休闲农业、乡村旅游及田园综合体等项目中。

2. 农业与健康养老产业数字化融合

农业与健康养老产业数字化融合发展体现在两方面。第一，农业与高科技生物医药产业融合，推动保健品、绿色食品等健康食品和特种食品医药的研发；第二，农业与健康服务产业融合，面向老年群体和亚健康人群的养生养老需求，开发数字化框架下的有机农业养生、精准科学养生等新模式。

3. 农业精深加工产业的数字化融合

农业精深加工产业的数字化融合是将新一代的数字信息技术向农产品工业渗透，同时将农业中的种植业、牧业、渔业和养殖业等有机结合，将农业从输出农产品转变为输出高质量食品，借助 AI 技术和区块链技术转变农业生产和加工方式，结合新零售把握消费端需求进行农产品精深加工，提升效率的同时打造农产品高价值品牌。比如，京东以助力农村扶贫和乡村振兴为出发点，设立"跑步鸡"电商项目，在农村散养的鸡腿上安装数字化定位仪，记录散养鸡的运动、进食、日期等数据，通过云端监控确保散养鸡的品质，再将高品质、高价格的鸡肉产品通过京东平台出售给消费者，从而帮助农民致富、农村发展和乡村振兴，实现了项目经济效益和农村扶贫的社会效益共赢，也提升了企业的社会形象和声誉。

3.4　农业数字化转型的实施路径

产业创新生态系统是区域内或者跨区域的某个产业在相关物质条件和政策、制度以及文化环境下各种创新群落之间以及与创新环境之间，通过知识传播、技术扩散、信息循环，形成具有自适应与修复、学习与发展功能的开放复杂大系统（何向武等，2015）。协同创新理论认为，在一个复杂的产业创新生态系统中，政府、企业、高校（科研院所）、消费者等创新主体，通过自组织过程互动，跨边界地协同利用数字技术等创新要素，通过创新环境（政策规制、文化环境和金融制度等）、创新网络（李二玲，2020）、创新主体和创新要素四个子系统来实现产业生态系统的持续创新。杨伟等（2020）认为，产业创新生态系统呈现出环境要素动态、技术路径多变、相关主体多元、利益关系复杂等不确定性和复杂性特征，其数字化转型的实施过程需要创新主体间通过深度合作，优化布局，构建上下游创新主体间深度交互的协同创新机制，来共同推动产业创新生态系统的数字化转型。

基于前述农业数字化转型的整体战略框架构成可以看出，农业数字化转型包含了跨领域和多项技术的集合，是多业态交互、多主体协同、多机制联动和多要素协调的复杂生态系统问题（胡海等，2020），必然需要通过各参与主体对人才、资产、数字技术和信息资源等创新要素的优化配置、主体间交互协同与耦合、对外部环境积极协同响应、构建基于产业链的协同创新网络等多元化、立体化和交互化方式与途径，来推进数字化转型的顺利实施。因此，基于创新生态系统的国家、产业、企业层次理论和产业创新生态系统理论的多主体构成与交互作用机制，结合协同创新理论的基本思想，本章构建了农业数字化转型的"环境—网络—主体—要素"协同创新四位一体实施路径（如图3-3所示），具体分析如下。

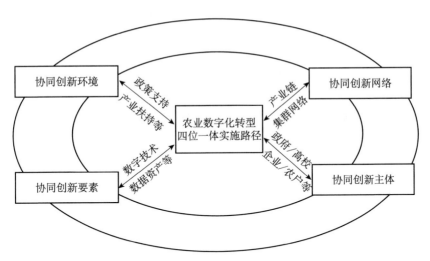

图 3-3 农业数字化转型的"环境—网络—主体—要素"四位一体协同创新实施路径

3.4.1 营造农业数字化转型的协同创新环境

1. 创新农业数字化转型发展观念

随着数字经济的深入发展,大数据、云计算、人工智能和物联网等数字技术在农业产业快速转化,农业产业逐渐进入新的发展阶段,亟待新的发展理念和思想作为指引。因此,第一,整体上要以改革的思维和统筹发展的新观念来统领农业数字化现代化发展新阶段。在深入落实"创新驱动发展战略",加快建设科技强国,坚定不移地建设数字中国的规划要求下,农业数字化转型的实施应坚持改革思维,顺势而为。第二,树立科学化、精准化的农业数字化经营理念。在供给端要摒弃经验主义,树立科学化、精准化的农业数字化经营理念,基于先进的数字技术要素管控生产、加工与流通营销的各个环节,更加精准地对农业生产经营进行深入优化,提升农产品品质,满足需求端的多元化需求。第三,通过对需求端的宣传和引导树立绿色健康的数字消费观。在农业数字化转型的需求端,要通过宣传引导增加消费者对农业数字化的认知,转变消费者对农业产业的刻板印象,增强对粮食和农产品食品安全的认可和信心,树立绿色健康的数字消费观。除此之外,还需要将顺势而生的先进思想与先进发展理念动态化地融入农业发展的过程中,形成全新的数字经济下的新农业发展战略,以新思想、新理念和新战略助力农业未来的新方向和新发展，从而更好地实现农业与数字化的融合，推动形成农业数字化和数字化农业。

2. 培育以政策为主体、产业扶持为引导、科研机构（高校）等多主体协同创新的农业数字化转型氛围

首先，发挥政府—市场双重驱动。政府结合地区实际，完善农业数字化转型的政策制度支持，通过制定协同创新的数字信息技术、金融与财税、辅助培训等配套协同创新激励政策，制定降低农业数字化成本和风险的保障政策，全面激发社会农业数字化转型活力。制定清晰的政策管理体制，确保政策的适用性与稳定延续。同时，坚持市场驱动，引导扩大资本市场、激活和鼓励民间资本参与，为农业数字化转型提供资本保障和市场活力。其次，深化科研机构（高校）体制改革，加快农业数字化转型知识的协同创新流动；培养定向农业数字化转型领军人才与团队，使人才成为农业数字化转型的关键创新主体，鼓励攻坚农业数字化转型关键技术。最后，鼓励企业（农户）培养战略创业行为。在政策环境驱动下，鼓励企业（农户）扭转寻找机会的生存行为，同时寻找农业数字化转型的机遇和发展优势，结合所在地区农业产业特色与强势产业，在寻求机遇中发现新的市场生存机会，在把握机会过程中培育战略导向思维，构建农业数字化发展的长期竞争优势。

3.4.2 优化农业数字化转型的产业价值创新网络

1. 通过补链与强链相结合，形成农业数字化转型的产业价值创新网络

产业创新生态系统需要基于产业价值链和价值网的关系，通过协同创新机制，形成开放式创新环境，促进系统内生态因子间的协同进化（曹如中等，2015）。为此，要通过"补链"和"强链"相结合的方式，来形成农业数字化转型的产业价值创新网络机制。第一，补足传统农业产业链弱势，为农业数字化转型和产业价值网络创新提供基础。针对传统农业产业链生产加工、流通消费环节存在的数字基础设施、数字技术应用等方面的缺陷，要通过建设、引进和提升的途径加以补助。包括兴建供给端数字基础设施和需求端消费大数据云计算平台，引进科技创新企业和创新人才赋能农业产业数字化转型过程，提升数字技术和设备与农业产业各环节的深度匹配。第二，发

挥农业大数据优势，进一步强化农业产业数字化转型的价值创新优势。一方面要基于长期沉淀下来的农业大数据优势，发挥农业大数据在驱动农业产业数字化转型中的桥梁作用，加快数据、信息要素在农业产业价值创新网络中的流动、共享和协同效率；另一方面，创新链接数字经济带来的转型新环境、新数字技术、新资源禀赋，将物联网传感器、5G 技术和 AI 情感计算等工业互联网信息技术迁移和融入农业创新价值网络，进一步增强对农业大数据的深度分析、应用和商业化运营能力。

2. 通过动态集聚推动农业多产业融合，实现农业产业网络集群化发展

农业产业创新生态系统的数字化转型包含了农业生产经营上下游产业链、农业产业配套服务以及农业价值链延伸产业三大模块的交互联动，因此在推进数字化转型的实施过程中，需要增强农业产业链各环节跨边界合作创新，推动农业多产业融合，鼓励农业数字化转型通过动态集聚实现产业集群化创新发展，实现产业集聚效应和报酬递增效益。为此，要以农业生经营产业链创新为核心节点，以农业产业集群为依托，建构农业数字化产业集群创新网络格局，推动单一的链式创新向多维网络化集群产业链式创新转变。同时以农业供给—需求产业链为基础向多元化经营延伸，创新经营模式，拓展新市场。通过新市场开发和技术创新等推动农业产业链向上下游延伸和产业融合。以数字信息化手段开发农业产业新业态和新功能，融合发展休闲农业、农业健康产业、农业电子商务和农业数字金融等服务产业，进一步延伸农业产业链和农业创新价值网络，实现农业产业的集群化发展格局。

3.4.3　增强农业数字化转型的价值主体间协同创新能力

1. 形成农业产业链协同创新"命运共同体"，增强协同创新效应

第一，数字农业科技企业与农业经营主体要与产业链上下游企业产生深度链接并进行合作共享，在农业产业链的各环节开展与数字经济的合作。数字农业科技企业与农业经营主体要借助消费大数据带动农业产业发展，要积极扩大农产品内需，洞察和把握消费者的消费需求，生产适销对路农产品。在总体上实现产业链的可持续优化，利用数字技术构建完整的农业产业链，

整合统筹农业产业链上下游的要素，实现从供给端到需求端的全产业链成本控制，获得成本优势、技术优势，实现农业产业提质升级。第二，强化政府—市场—科研机构—农业企业（农户）—消费者之间的产学研用协同联动。国家以及各地方政府结合实际制定政策，建设农业科技创新重点实验室（孙长东等，2020），高校与科研机构与农业企业联合攻关，打造农业数字化创新技术研发、共享平台，构建地区农业创新发展产业联盟，形成农业数字化转型创新高地；高校毕业生向基层、农业农村倾斜，形成农业数字化转型的人才高地；农业企业通过互联网直播、电子商务等新营销手段鼓励需求端消费者参与互动，形成生产者—消费者大数据资产，为协同创新提供面向市场的需求支撑。

2. 强化数字资源、环境和网络的协同演化，增强协同创新能力

第一，农业价值创新主体要全方位整合农业数字化资源，提升农业数字化效益。涉农企业要在充分利用自身资源同时，协同社会资源，通过借助最新的生物医药、5G、互联网、人工智能、大数据、云计算、区块链等先进数字化技术，实现企业从要素投入管理、种植过程管理、加工生产管理、流通和营销过程管理与服务等闭环生态价值链的全方位创新发展；通过协同各方数字资源，建立数字化生产经营模式和综合服务平台，实现农业经营和发展模式的创新，从根本上提升农业生产效率、产品质量和农业数字化的效益。第二，建立与数字经济环境相适应的协同演化机制，提升利用数字经济驱动农业数字化转型的数字化能力。根据动态能力理论，在处于并长期处于未知的不确定性和动荡性的复杂创新系统中，企业必须培育出能够科学地、实时地、精准地响应内外部环境变化的新动态能力，这种新动态能力在数字经济环境下体现为数字化能力。因此，农业价值创新主体要树立适应数字经济发展要求的"数字化思维"，构建开放、合作和包容的心智，了解、适应与学习数字经济及其重要价值，并培育和内化成感知数字化价值、识别数字化机会、推动数字化演化、协同数字化资源等数字化能力，最终形成与数字经济环境相适应的协同演化机制，驱动农业产业的数字化转型。第三，通过开放式创新增强农业产业价值网络间的协同演化效果，提升协同创新能力。数字农业企业（农户）要积极寻求同研发机构、高校与科技企业间等农业产业网

络价值主体进行开放式协同创新与资源共享来降低个体创新成本和风险，增强产业网络整体创新效率。同时，数字农业企业（农户）结合自身特征与优势，差异化吸收农业产业价值网络中的创新技术和知识，减少低端跟随创新行为，提升个性创新能力，实现网络内互补性创新。

3.4.4　强化农业数字化转型的协同创新要素支撑

1. 构建农业数字化转型要素的支持机制，增强要素集聚和要素创新升级

第一，完善驱动农业数字化转型的自主创新支持机制。健全农业数字化转型的知识产权和技术专利等相关法律法规服务，构建高效率和数智化的知识产权保护机制。同时，架构知识产权创造和运用激励机制，构建农业数字化转型知识产权评估—托管—转化一站式服务平台，加速知识产权和数字化要素在农业产业链中的流动与创新。第二，增强数字创新要素集聚，带动农业数字化转型升级。制定财税金融政策鼓励异质性创新要素在空间上集聚，大力引进人才、先进数字技术和壮大农业产业资本规模，建立服务创新要素集聚的政策来吸引专业投资机构、民间资本与外资参与农业数字化转型。第三，完善农业数字化转型科技创新成果转化机制，推进科技成果和新型数字技术在农业领域的转化。建设健全政府政策扶持，市场驱动，高校与企业协同研发，银行、数字与供应链金融服务机构支持，中介服务机构参与，数字农业龙头企业带动的多主体协作的农业科技创新成果转化和交易平台。同时，完善涉农数字科技创新成果转化的信息管理、金融服务等多维度服务体系，推动创新成果向数字生产力转化。

2. 优化农业数字化转型的要素资源配置与协同共享机制

第一，构建农业数字化转型的技术创新扩散机制，形成农业数字化转型的资源交互协同共享体系。一方面，农业数字化转型的相关政府主管部门要积极主导培育农业产业数字化转型案例库、农业数字化转型示范区，大力推动农业数字化转型的龙头企业，为提升我国农业数字化转型水平提供案例支撑和示范参考。另一方面，农业数字化转型的相关行业协会通过积极组织企业（农户）间创新交流，协助企业研发和交流，加速知识链与技术链在农业产业链中的扩散。第二，完备农业数字化转型的协同利益分配机制。完善农

业数字化转型各价值创新主体间的沟通协调机制和利益分配、数据资产保护的法律法规，确保农业数字化转型协同创新主体基于信任基础实现数字技术、信息等资源共享，及时解决各利益主体的矛盾，降低农业数字化转型协同创新风险，实现农产品、数字要素、金融资本和人才等资源的协同创新与配置优化。

第 4 章

数字经济提升农业协作生态系统绩效内在机理的案例研究

人工智能 (Artificial Intelligence, AI) 和物联网 (Internet of Things, IoT) 的快速发展和应用给企业带来了更多机会，同时也给农业产业的运营方式带来了革命性的影响。AI 和 IoT 逐渐成为商业协作生态系统 (collaborative business ecosystem, CBE) 的核心关键技术要素，基于 AI 和 IoT 的 CBE 为参与企业提供了广阔的空间。本章研究目的是系统考察基于 AI 和 IoT 的 CBE 运行特征和机理。为此，本章在上一章农业数字化转型的整体战略框架之下，以一家中国农业科技公司为例，系统呈现该公司基于 AI 和 IoT 的 CBE 的运行态势，深入研究 AI 和 IoT 技术影响 CBE 的机理逻辑，探索了参与企业协同实现价值共创的过程和模式，从而明晰数字经济提升农业协作生态系统绩效的内在机理。

4.1 案例背景

穆尔最早于 1993 年开始提出商业协作生态系统的概念，他认为商业生态系统是资本 (Moore, 1993)、客户利益和企业创新禀赋充分结合的产物，通常横跨多个产业，组织不同产业的生产者合作生产，以满足市场需求。在 BE 中，成员企业通过协同合作关系实现更高效的能量、信息传递，并共同创造价值。帕沃·里塔拉 (Paavo Ritala, 2013) 将价值创造定义为在协同商业生态中，核心企业等参与主体通过协同活动满足客户和利益相关者的新需求并创造新的价值。我们认为如果创造新价值的过程是多个生态系统主体同时参与的，则可称之为价值共创 (value co-creation)。协同合作是 BE 的重要纽带，而价值共创则是 CBE 成员协同合作的前提和目的。

香农（Shannon，1955）提出 AI 定义：使得机器像人一样行动的技术或方法。卡普兰（Kaplan，2018）将 AI 系统划分为认知 AI 系统（Analytical AI）、启发式拟人 AI 系统（Human-Inspired AI）和拟人 AI 系统（Humanized AI）三种类型。他认为目前仍只能实现第一个阶段，即 Analytical AI System。中国人工智能自 2012 年以来迅猛发展，截至 2018 年第二季度，中国人工智能企业数量达 1 011 家，位居世界第二。在融资方面，2013～2018 年，中国人工智能领域投融资占全球 60%，高居全球第一。2017 年中国人工智能市场规模达到 237 亿元，同比增长 67%。计算机视觉、语音、自然语言处理的市场规模分别占 34.9%、24.8%、21%，硬件和算法的市场规模合计不足 20%，预计 2018 年中国人工智能市场增速将达到 75%①。同时中国国务院在 2017 年发布《新一代人工智能发展规划》，计划在未来 12 年内将中国发展成为全球人工智能研究和应用方面的领先者。中国创新工场创始人李开复在接受腾讯专访的时候谈到中国拥有比其他任何国家更多的数据，移动互联网发展非常迅猛②。伴随技术逐渐成熟和应用推广，中国人工智能的运用领域已经从通信与互联网平台公司向制造业、农业、教育等方面渗透，对传统产业协作运营方式产生变革性影响。技术也不再仅仅局限于人工智能引擎，拓展到包括大数据、移动互联网、云计算、物联网和区块链等现代信息技术的集成使用。在此过程中，AI、IoT 等技术利用数据收集自动化、作业流程智能化、决策精准化、商业合作信用化等模式深入影响着传统的商业生态系统，逐渐形成以 AI、IoT（后文中 AI 和 IoT 技术简称为 A-I）等技术为基础的新 CBE。

然而，A-I 及现代 IT 技术如何影响传统商业模式，形成新的 CBE（以 A-I 技术为核心架构的 CBE），同时基于该技术体系参与企业如何实现高效协作和价值共创尚未有相关研究成果。为此，本书就此进行理论探索和案例研究。主要研究内容有：第一，A-I 影响 CBE 的理论研究；第二，来自中国庆渔堂智慧渔业 A-I-CBE 的案例呈现；第三，庆渔堂的人工智能＋物联网的商

---

① 张涵.《中国人工智能发展报告 2018》正式发布［J］. 中国国情国力，2018（8）：80.

② 《专访李开复：中国为何将赢得全球人工智能的竞争》，http：//tech. qq. com/a/20180417/002049. htm。

业协作生态系统（Artificial Intelligence-Internet of Things-Collaborative Business Ecosystem，A-I-CBE）价值共创研究。通过上述研究获得了以下发现：首先我们利用案例研究方法，在 CBE 理论分析框架下，研究了基于 A-I 的新 CBE 框架，系统研究了庆渔堂智慧渔业 A-I-CBE 形成的路径机制，拓展了 CBE 在 A-I 方面应用的理论边界，具有较强的原创性理论贡献。其次我们利用来自中国的 AI 案例，发现即便是最为"散漫"的农业，也可以通过 A-I 技术改变传统的生态体系，形成具有更好经济与社会效益的多主体参与的 CBE。对于传统行业利用 AI 等现代信息技术提升产业效益提供了理论支持与经验借鉴。本章后面安排是文献回顾、研究设计、案例分析和结论。

4.2　CBE 相关理论分析

相对于其他形式的协作网络而言（Camarinha-Matos and Afsarmanesh，2005，2014），BE 更多被看作是一种长期的战略协作网络组织，且是属于一种人造的虚拟环境组织。成员企业基于特定的目标导向形成协作关系，彼此之间实现信息、能量等的快速流动。因此 BE 能够显著地提高彼此之间的商业信誉和商业运转效率，相关学者围绕 BE 的内涵、BE 构成及分析架构、BE 的应用和 BE 价值创造进行了非常深入的分析研究，我们分别从上述角度进行梳理分析。

4.2.1　CBE 的内涵

穆尔（1993）是最早定义商业生态系统的学者，他认为商业生态系统是一个由相互作用的个体或企事业组织支持和组建而形成的经济系统，共同向消费者提供产品或服务，系统内每一个个体或组织都是其重要成员。勒温（Lewin，1992）从生态位的角度进行了界定，他认为商业生态系统由占据不同"生态位"且相互密切关联的企业组成，企业生态位的变化会引起关联企业均发生变化。此概念有助于加强系统中的企业对自身的认识。鲍尔和杰建（Power and Jerjian，2001）从互联网和电子商务角度认为商业生态系统是由在现实中存在关联关系的实体单位通过互联网构成的系统，是一些经济实体和其环境中非生物因素的统一体。此表述表明信息化时代，基于互联网构建商业生态系统是不二选择。佩尔托涅米和武里（Peltoniemi and Vuori，2004）则从系统动态性角度把生物生态系统、经济系统、复杂适应系统的特点都体现在商业生态系统概念中，认为商业生态系统是由具有一定关联的组织组成的一个动态结构系统，这些组织可能是：企业、高校、研究机构、社会公共服务机构及其他各类与系统有关的组织。科拉洛等（Corallo et al.）则认为商业生态系统是一种非均质的社会实体，由大量不同的利益相关者组成，他们为了共同的效率和生存而相互依赖，从而作为一个共同体捆绑在一起。

4.2.2　CBE 的构成及分析框架

穆尔（1996）最先提出的商业生态系统分析框架是 4P3S 的七维分析框架，即从顾客（People）、市场面（Place）、产品和服务（Product）、过程（Process）、结构（Structure）、风险承担者（Shareowner）和社会环境（Society）等七个方面来了解一个商业生态系统的功能、结构及其发展状况，并为商业生态系统的建立、优化运行及控制提供了工具。在此基础上，穆尔认为商业生态系统由核心企业、扩展的企业以及共同进化的相关社会组织与企业及其他环境因素组成。艾尔斯迪和利维恩（Iansiti and Levien，2004）提出构成商业生态系统的企业可以分为三类：骨干型（Keystone）、支配主宰型（Dominators）、缝隙型（Niche players）。并认为，企业基本运营战略的选择决定了他们在商业生态系统中的定位。哈堪森和斯涅何塔（Hkansson and Snehota，1995）甚至认为商业生态系统没有核心也没有边界。一方面，单一企业无法控制或改变生态系统的结构，所有没有一个单一企业核心；另一方面，企业间不断地交互作用不断改变着生态系统的结构，因而也没有清晰的系统边界。

4.2.3　CBE 的应用

艾尔斯迪和利维恩（2005）对 IBM、微软等企业的竞争战略进行分析后得到，这些巨大的企业早已走过力求独家垄断的阶段，从很早就开始实施"核心型企业"战略，通过他们提供的平台形成了自己的商业生态系统，从而在全球白热化竞争中保持不断的胜利和进步。弗朗索瓦·莱特利尔（Francois Letellier，2005）对软件中间件的商业生态系统构建战略进行了论述，认为各个供应商只有放弃你死我活的恶性竞争，把握各自在其商业生态系统中的定位，采用对应的战略，形成一个良性的商业生态系统才能保证不断地成长和进步。阿利斯泰尔·巴洛斯等（Alistair Barros et al.，2005）将 Web Service 中各服务供应商进行在商业生态系统中的定位分析，建议他们采用对应的战略行为，从而形成完善的商业生态系统来提升产业水平。格里斯等（Griese et al.，2001）对欧盟 ICT 产业的商业生态系统进行了研究，认为当时欧洲应该采用新兴战略，构建围绕 ICT 产业的商业生态系统以提升自身产业，并提高整体竞争力。

4.2.4　CBE 价值共创

帕沃·里塔拉（2013）将价值共创（Value co-creation）定义为在协同商业生态中，核心企业等参与主体通过协同活动满足客户（Customers）和利益相关者（Stakeholds）的新需求。这种协同活动一般以协同创新的形式体现出来，包括商业模式和技术创新。核心企业在市场活动过程中满足了服务对象新的需求，与参与企业共同创造新价值。商业生态系统的基础类似于一个完整的价值链（Adner，2006），但是商业生态系统的结构比单一价值链的结构更加稳定，因为它是由多条价值链组合成的复杂网络化组织（Adner，2006；Pera et al.，2016）。商业生态系统内部的价值创造强调互补性（Ander and Capoor，2010），内部非核心企业都来自不同的细分市场，每个企业都有自己创造价值的方向（Basole，2009）。核心企业通过 BE 将这些非核心企业连接起来，形成具有互补特性的价值链（Li，2009），共同创造 BE 价值（Hellstrm et al.，2015）。BE 价值包括价值来源、价值创造和分享三个方面。首先，价值来源于协作产生的新的机遇，包括更灵活的协同机制、更广泛的商业关联性、协同创新空间和降低合作监督成本的信任机制。这些因素会促进 BE 以一个整体面对客户需求，获得更多的创造价值机会（Williamson and Meyer，2012）；核心企业与非核心企业的商业关联性，可以帮助 BE 锁定顾客群体进行价值创造（Borgh et al.，2012）；创新可以帮助企业开拓更广泛的市场，实现价值创造（Ander and Capoor，2010；Aguiñaga et al.，2017）；而信任不仅仅可以降低合作成本，还是协同创新的重要基石，是价值共创的制度保障（Tsatsou，2010）。其次，核心企业先进行价值创造可以吸引和维持非核心企业留在商业生态系统，然后由核心企业主导价值共同创造过程

（Iansiti and Levien，2004）。最后，核心企业需要构建价值分享平台。一般而言核心企业应该根据市场机制和贡献大小实现价值分享和分配（Teece，2010）。BE 内部企业应该发现、识别和抓住价值创造机会，为 BE 贡献和创造价值（Teece，2007）；非核心企业只有拥有创造价值的意愿，才会有动机实施商业生态系统价值创造行为（Moore，2006）；商业生态系统中每个企业的具体行为是实现价值创造的基础；在商业生态系统的发展变革过程中，变革频率过快会造成商业生态系统的兼容性和互补性降低，进而抑制商业生态系统的价值创造（Ander，2017）；核心企业与非核心企业之间、商业生态系统与顾客之间建立相互信任，可以维持可持续的价值共创关系（Tsatsou et al.，2010；Chen et al.，2016）；建立商业生态系统的良好名声，有利于核心企业吸引更多优秀的潜在企业进入商业生态系统，促进商业生态系统创造更多价值（Borgh et al.，2012）。

基于上述理论分析和文献综述，整体而言，学者们分别从 CBE 内涵、构成、应用和价值创造视角对 CBE 资源整合使用、能力结构互补、战略决策使用和价值共创进行了深入的研究。犹如穆尔（1996）在最初提出 BE 概念的时候所倡导的那样，必须超越传统的企业或者集体竞争理论，基于技术变迁的动态视角对 CBE 进行系统性的前瞻性研究。当前，以 AI、IoT 等为代表的前沿技术对传统行业运行模式带来了深远的影响，与互联网和电子商务类平台企业构建自己的商业生态闭环不同的是，AI 和 IoT 则更多是基于海量数据智能化收集和分析，利用数据信息平台降低各参与企业的运营风险和成本，提高运营效率，成为 CBE 演化的重要技术推动力量。而现有文献尚未对此进行系统和深入研究。

4.3 研 究 设 计

4.3.1 案例研究对象

研究团队先后通过网络和参加专题报告等方式收集案例样本。在聆听了 A 公司创始人兼董事长的专题报告后，团队对该公司相关资料进行了搜集分析整理，并对该公司进行了调研和深度访谈，并经公司授权，将基于实地调研形成的案例研究收录于本学术专著中予以出版。A 公司是一家提供渔业养殖的整体方案服务的公司。它主要服务合作对象有四种类型，分别是智慧渔业养殖设备供应商、渔业养殖户、鱼饲料供应商和渔产品销售商。此外，和银行、保险公司也有业务往来。提供的基本服务是为渔业养殖户安装鱼塘监控设备，将鱼塘改造为智能鱼塘，通过人工智能系统减少养鱼工作量，提高鱼塘产量，提高渔产品的品质。

4.3.2　数据收集与整理

本书调研累计时长共 15 小时 10 分钟①，录音整理共形成文字 110 818 字的第一手资料。我们在调研访谈阶段，以半结构化和非结构化一手访谈数据为主，并多渠道收集和整理庆渔堂二手数据，形成一手数据和二手数据的三角验证关系，确保数据真实可靠。其中手工收集的二手数据来源包括：一是 A 公司的官方信息和资料；二是媒体对庆渔堂的采访报道；三是庆渔堂宣传资料；四是庆渔堂相关视频；五是政府对农业科技创新企业的扶持政策资料。其中访谈数据描述如表 4 - 1 所示。

表 4 - 1　　　　　　　　　　　　样本数据描述

调研对象	从业经历	职位	调研方式	调研时长
Unit 1	从事 IoT 和 AI 领域 10 余年	庆渔堂创始人	专题报告	3 小时
Unit 2	从事 IT 行业 10 余年	庆渔堂 CEO	访谈	5 小时
Unit 3	从事管理工作 6 年	庆渔堂运营经理	访谈	1 小时
Unit 4	从事 IT 研发 10 余年	庆渔堂 CTO	访谈	1 小时
Unit 5	从事渔业 10 余年	养殖户	访谈	1 小时
Unit 6	从事渔业 10 余年	养殖户	访谈	1 小时
Unit 7	银行工作 3 年	银行工作人员	访谈	1 小时

---

①　团队于 2018 年 11 月 22 日 ~ 12 月 25 日，前后三次对庆渔堂农业科技有限公司进行实地调研。庆渔堂公司总经理黄先生全程陪同讲解，带领调研小组全程参观庆渔堂大厅，介绍了公司 D-PRAS 双鱼塘生态养殖模型、物联网生态渔业科技服务平台、公司整体情况、"物联网 + 生态渔业" 创新运营服务模式等。介绍时长 5 小时，录音整理形成文字 64 600 字的一手资料。在了解公司运营模式、产品服务、企业生态等信息后，深度访谈了公司总经理黄先生、公司运营总监沈先生和技术研发部总经理马先生。访谈时长共 2 小时，录音整理形成文字 26 362 字的一手资料。

续表

调研对象	从业经历	职位	调研方式	调研时长
Unit 8	保险公司从业 1 年	保险公司人员	访谈	1.5 小时
Unit 9	协会工作人员 3 年	渔业协会人员	访谈	1.1 小时
Unit 10	从事饲料行业 2 年	饲料公司人员	访谈	0.5 小时

注：访谈资料使用语音转文本软件将访谈录音转化为文字，同时对比录音对转化文字进行确认和修改，确保获取文字文本准确可靠。

4.4　基于生命周期的庆渔堂案例研究

穆尔（1993）把商业生态系统的生命周期划分为开拓、扩展、领导、自我更新或死亡四个阶段。本章基于 A-I 及商业生态系统理论，从开拓期、扩展期、领导期三个阶段来分析庆渔堂商业生态系统的构建。

4.4.1　开拓期：A-I 与渔业养殖结合

商业生态系统的构建始于创新型企业发现顾客的一种新需求，即发现一颗"创新的种子"，创造性地提出新想法以满足这种市场需求，将想法转化为操作技术并采取行动，开拓新的市场，为客户和投资者创造价值（Moore，1996）。作为创新的发现者，创新型企业拥有关键性资源和替代性的产品解决方案，通常会成为核心企业（Keystone）。他们借助互联网信息技术，构建科技服务平台，为客户解决问题，开启价值创造的第一步。

庆渔堂创始人自小出生于中国淡水鱼三大养殖基地之一的湖州市菱湖镇，对传统渔业养殖中养殖风险大、养殖成本高、养殖收益低等问题有深刻的了解。同时，该创始人还是物联网顶层架构国家和国际标准领域的专家。创始人创业的初衷就是利用先进的 A-I 技术，帮助养殖户解决问题，实现增产增收，探索出一条 A-I 与渔业深度融合的创新发展之路。为此，庆渔堂开发出一个先进的智慧水产养殖物联网运营服务平台，帮助养殖户实现科学有效养鱼。依托运营服务平台，通过布设在零散鱼塘内的水质监控设备，利用 A-I 技术实现 24 小时全过程监管和跨区域的规模化服务，包括水质在线监测、移动巡检、增氧联动调控、用电节电管理、大数据渔情分析、微观气象预警

（湖州气象局合作）、病虫害预警防治等。除此之外，庆渔堂还自主设计了一种"无污染、无排放、高效益"的双鱼塘微水循环生态鱼养殖模式，通过充分应用纯物理杀菌、物理过滤、纳米微孔曝气增氧、池底清洁、水质循环生物净化、跑道隔离等技术，减少了污染，提高了养殖效益。

4.4.2 扩展期：寻求多方协作

经过开拓期，核心企业集聚了大量客户，通过平台实现了客户数据和交易数据的大量积累，建立数据库。为了更好地提供创新产品和服务，核心企业需要吸引更多追随者加入，构成商业生态系统的成员结构，以向客户提供完整的解决方案（Zahra and Nambisan，2012；Smith et al.，2014）。进入扩展期，核心企业的目标是通过传播商业概念来扩大生态系统，与供应商、合作伙伴合作，发展规模经济。各个参与者结合他们的资源和能力，增加生态系统的价值和绩效（Moore，1993）。这个阶段的主要挑战是形成一个稳定的利益相关者群体（Attour and Barbaroux，2016）。一旦实现稳定，商业生态系统成员就会采取长期策略，反过来推动商业生态系统进一步发展（Nambisan and Baron，2013）。

智慧水产养殖物联网运营服务平台带来了庆渔堂业务的快速增长，并积累了互联网时代的"流量资本"。庆渔堂成立于 2016 年，经过两年多的发展，平台注册用户超过 10 000 户，付费用户近 4 000 户，已服务鱼塘面积 45 000 亩以上，建成基于物联网平台可规模化推广的循环水高效生态养殖示范基地 500 亩。随着平台用户规模不断扩大，庆渔堂开始思考如何利用物联网技术提高平台服务能力，满足养殖户的衍生需求。在渔业养殖过程中，购买鱼苗、饲料、鱼药等的支出占整个养殖投入的大部分，所以为养殖户引荐优质厂商、节约采购成本显得尤为重要。庆渔堂基于平台用户规模和黏性，把基础渔产品供应商接入平台，打破了养殖户和供应商之间的隔阂，实现了直接对接，为养殖户提供性价比更为优越、售后服务更为周到的购买服务。

庆渔堂不仅将供应商资源进行整合，还将鱼市场、餐饮业、银行和保险业也纳入利益一体化平台。为了向消费者提供生态好鱼，庆渔堂还将同一鱼池中的鱼群自出生至购买的全部信息上链，形成信用背书。为了帮助养殖户顺利获得银行贷款，庆渔堂以物联网获得的农户生产、经营等客观数据为信用基础，为银行提供肉眼无法评判到的数据信息，提高信用保障，消除金融机构与农户间的信息不对称。针对渔业养殖的高风险性，庆渔堂为渔户提供保险业务咨询服务，为渔民筛选优质保险企业，推荐合适的保险产品，为鱼塘添加保障。

通过网络化服务单元内的线上、线下服务结合，庆渔堂为每位养殖户提供水产养殖的水质监控、生态养殖服务、农资供应、科技金融、溯源销售、尾水环保治理等一站式专业科技服务。在这条完整的产业链上，庆渔堂扮演着资源整合的角色，需要从物流、信息流、资金流等方面对商业生态系统中的所有参与者进行有效管理，这种管理通过人工智能和物联网技术实现。

4.4.3 领导期：实现全面领导

在建立起一定的市场规模后，核心企业运用前期的数据基础和客户存量进行分析，挖掘数据价值，对客户资源进行深耕，提高了用户黏性和忠诚度。进一步，核心企业以平台为依托，以客户为导向，通过公平的竞争机制和平台的开放体系吸引跟随者，推进了商业生态系统的优化。在这一过程中，核心企业利用技术标准对系统中的相关方进行协调，成为连接商业生态系统成员的中心点和价值的主宰者，确定交易秩序，制定商业平台规则，使商业生态系统的成员和核心企业保持一致，从而实现对商业生态系统的全面领导（Zahra and Nambisan，2012；Mukhopadhyay and Bouwman，2018）。

庆渔堂通过技术变革和资源整合全方位进行商业生态系统布局，构建了全球首个符合"六域模型"的农业物联网系统（见图4-1）。物联网"六域模型"通过将纷繁复杂的物联网行业应用关联要素进行系统化梳理，以系统级业务功能划分为主要原则，设定了用户域、目标对象域、感知控制域、服务提供域、运维管控域和资源交换域六大域。域和域之间再按照业务逻辑建立网络化连接，从而形成单个物联网行业生态体系，单个物联网行业生态体系再通过各自的资源交换域形成跨行业跨领域之间的协同体系。

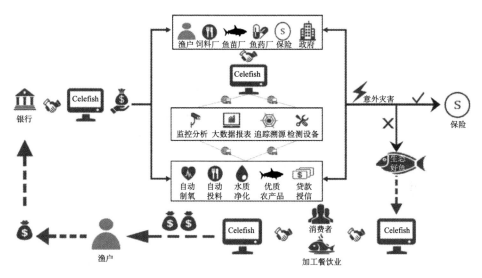

图 4-1 庆渔堂六域模型

用户域中包括养殖户、企业用户、金融机构和政府。其中,企业用户包括鱼市场、鱼苗厂、饲料厂商、鱼药厂商、加工企业、钓鱼协会、餐饮企业和食堂超市等。金融机构包括银行和保险机构。庆渔堂既是整个体系的资源整合者,也是掌握技术标准的领导者。通过与养殖户、企业、金融机构和政府等建立合作—共享关系,实现了业务多元化、多方利益一体化、利益最大化,有效地隔绝了外部竞争者,形成持续的竞争力。

4.5 庆渔堂协作生态系统价值共创模式研究

价值共创是参与企业形成 CBE 有机体系统的重要桥梁。庆渔堂基于 A-I 技术整合形成 CBE,利用技术分别与渔户、饲料公司、银行、保险、水产市场/餐饮企业和政府/公共组织构建了新型价值网,实现了在成本管控、风险识别与控制、水资源污染治理和渔业品质等多方面价值共创。

4.5.1 成本管控价值共创

庆渔堂企业通过结合 A-I、区块链和大数据分析技术,搭建智慧渔业监控服务平台、智慧渔业业务管理平台、智慧生态养殖服务平台和智慧渔业大数据服务平台四个系统平台。对渔业养殖的人力成本、电力成本、饲料成本和融资成本进行了有效管控，对庆渔堂 CBE 价值提升起到了重要的基础性作用。

在采用庆渔堂养殖技术系统前，渔民依赖经验进行养殖，增氧时机、时长、投料时机、投料数量全依赖于渔民多年积累的经验，在夏天的时候，由于天气较热，渔户往往晚上每隔 2 个小时就要起床查看鱼塘情况，并在视线受限情况下根据经验判断是否增氧，劳动强度和成本都非常大。以制氧和投料为例，我们可以比较前后两种养殖方式的差异。

图 4-2 是渔户使用庆渔堂 A-I 技术系统前，养殖全依赖于渔户的养殖经验，对制氧时间、时长、投料时间、投料数量进行人工判断。同时鱼塘水质的判断、净化则完全没有办法。当鱼塘水质逐渐变差，威胁鱼苗健康的时候，渔户为了降低鱼苗生病风险，就会采用大量的抗生素，逐渐形成饲料沉底 + 鱼苗粪便 + 抗生素→鱼塘水含氧量降低、pH 值超标→水质污染→加大使用抗生素 + 增加投料 + 增加增氧频次→增加养殖成本和劳动力 + 降低养殖品质的恶性循环。

图 4-2　使用 A-I 技术系统前

图 4-3 呈现了使用庆渔堂 A-I 技术系统后的渔户养殖模式，从中我们可以看到，鱼塘水质监测数据通过该系统自动进行监测，并实时更新传输进入庆渔堂公司数据平台，银行、保险、渔户、饲料公司、水产市场等则

通过接入该平台获取渔户养殖数据。从中我们还可以发现，庆渔堂公司还利用其研发的双循环生态养殖系统，根据对水质数据监测，自动启动对水质净化并实现循环利用。制氧、投料等全通过平台数据实现自动管理，使得养殖期间制氧电费降低 30%、饲料利用率提高 30%，抗生素使用量也得到有效遏制。

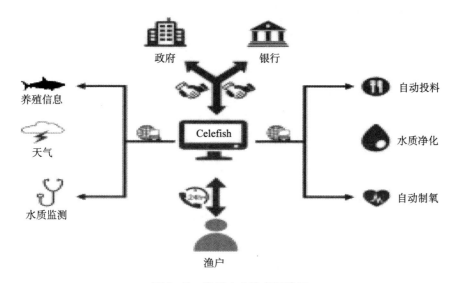

图 4 – 3　使用 A-I 技术系统后

总体比较，使用庆渔堂 A-I 技术系统后，新的养殖 CBE 在以下方面降低了成本：一是渔户增氧所需用电成本下降 30%；二是渔户饲料利用率提高 30%；三是降低养殖人工成本（比如渔户每隔 2 个小时夜起一次查看鱼塘水质等人工）；四是降低融资成本 10%；五是减少抗生素 40%。此外，庆渔堂平台还帮助银行、保险、饲料公司和政府部门等降低了与渔户对接相关事务所需的成本。

4.5.2　风险识别与控制价值共创

水产养殖风险主要是养殖过程中水产品受自然灾害、水产品病害以及市场价格波动等因素影响导致的养殖损失及其带来的风险。直接承担主体是渔户，间接主体则包括银行、保险、渔业部门等。其中渔户承担的风险是养殖风险所带来的直接损失；银行所承担的风险则是由于渔户养殖期间向银行贷款融资所带来的债务违约风险，保险则承担相关承保所带来的风险，渔业部门承担公共部门的社会责任引起的间接转移支付风险。在传统的养殖模式中，上述风险与渔户养殖经验、当年天气因素等紧密相关。因此对银行、保险等金融行业而言，它们在承接相关业务的时候往往会变得非常谨慎，不仅过程烦琐，也不能有效化解相关风险。

庆渔堂利用 A-I 平台，打造了涵盖渔户、银行、保险、饲料公司等多主体在内的水产养殖供应链及金融保险服务，建立供销一体化平台，实现资源整合水产养殖。该平台以渔户鱼塘数据信息为基础，通过渔户养殖数据自报、水质数据监测验证[①]、银行与平台数据直接对接完成渔户贷款授信[②]、保险公司直接通过平台数据与渔户办理保险业务、饲料公司与平台对接饲料销售，将传统养殖过程中出现的风险因素逐一识别、控制和排除，提高了庆渔堂 A-I-CBE 整体价值。

以银行为例，庆渔堂是如何做到银行愿意为"一穷二白"的渔民发放贷款呢？首先，庆渔堂以物联网获得的农户生产、经营等客观数据为信用基础，为银行提供肉眼无法评判的数据信息，提高信用保障，消除金融机构与农户间的信息不对称。其次，渔户向银行申请贷款业务时，会提交与庆渔堂企业

---

① 庆渔堂通过三个维度确保数据的真实可靠。首先，鱼苗的数量与溶氧量的极值密切相关。不同规模的鱼塘、不同数量的鱼苗，所需溶氧量各不相同。一旦溶氧量不符合鱼塘的需求，就很可能发生全部鱼苗浮头现象。渔民不会为了数据造假，而承担如此大的风险和损失。其次，庆渔堂实行网格化管家服务，属地化服务，管家对自己所管辖的鱼塘信息都很清楚，渔民无法隐瞒真实数据。最后，庆渔堂通过在与农户的长期交往中，发现绝大部分农户对数据不太敏感，而且喜欢贪小。因此，庆渔堂针对农户的特性，制定了一系列奖励机制，例如按时在平台上提交数据，即可得到积分奖励，积分可兑换鱼苗、鱼饲料、鱼药等。

② 养殖渔场是一个投入值和产出值极高的产业，渔民需要大量的资金以供渔场养殖顺利。然而，面临巨额的投入资金，渔民自身并没有足够的资金，只能向银行等金融机构融资借款。但是，在过去，渔户得到金融支持处境困难，原因如下：一是银行多以抵押贷款业务为主，而我国法律禁止宅基地使用权抵押行为，农村房屋要将宅基地转化为集体建设用地才可用于抵押融资。渔民无法将自建房屋作为抵押物，银行不为其放贷。二是渔民养鱼有时间周期，例如，年末卖鱼时价格急剧降低，渔民可能选择价格上涨时再去卖鱼。但是银行规定的还款时间是固定的，如果渔民不在还款时间前卖鱼，就没有资金用于还款，银行担心承担渔民逾期还款风险，不为其放贷。三是信贷员到鱼塘现场审查时，无法确认鱼塘价值。四是无法保证渔户会将银行贷款资金专款专用，存在资金被挪用的风险，银行不愿承担过高的代理成本和渔民道德风险，不为其放贷。

签署的购买合同（购买鱼饲料、鱼苗、鱼药等相关业务合同），同意受托支付协议并签字，银行可以确定资金的用途和去向，实现专款专用，降低资金被挪用的风险，传统养殖风险传导与基于 A-I-CBE 养殖风险识别控制如图 4-4 和图 4-5 所示。

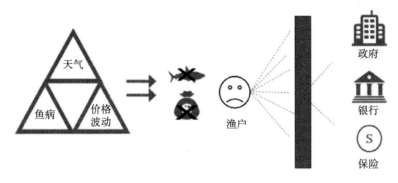

图 4-4　风险传导

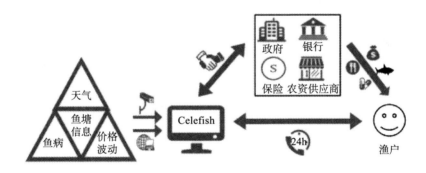

图 4-5　风险识别控制

4.5.3　环境污染控制价值共创

水质是养鱼的一个关键要素。影响水质的因素有五大重要参数：溶氧量、温度、pH 值、氨氮和亚硝酸盐。其中，溶氧量、温度和 pH 值，这三个参数需要实时进行监测，因为一旦溶氧量、温度和 pH 值出现偏差，可能会导致鱼塘中的所有鱼在两个小时之内翻塘，造成极大的损失。庆渔堂公司依托先进的智慧水产养殖物联网运营服务平台，通过布设在零散鱼塘内的水质监控设备，实现跨区域规模化服务。水质监控服务主要包括四大服务模块：溶氧实时监控服务、水质体检服务、设备维保服务和成长性分析服务对养殖所带来的水资源污染进行了有效的控制和治理。溶氧实时监控服务，是通过7×24小时溶氧温度监测，对水质、溶氧、设备等异常情况向平台发出告警通知，工作人员收到告警通知后，及时通知养殖户，养殖户可通过手机实时查看溶氧数据，并远程操控增氧设备。水质体检服务，配备手持氨氮检测仪、亚硝酸盐检测仪、pH检测仪等，定期在养殖户鱼塘进行检测分析，每月出具检测分析报表，做到提前、及时水质预警。设备维保服务提供溶氧设备免费安装、设备按需维护清洗、上门维修以及零配件更换等服务。成长性分析服务，主要包括水产品打样服务、水产品生产状况分析、饵料系数分析、养殖方式优劣分析以及养殖专家技术指导等服务。

4.5.4 渔业品质价值共创

双鱼塘微水循环生态鱼养殖是庆渔堂自主设计的一种"无污染、无排放、高效益"的新型生态养殖模式，如图4-6和图4-7所示。该模式通过充分应用纯物理杀菌、物理过滤、纳米微孔曝气增氧、池底清洁、水质循环生物净化、跑道隔离等技术，将现有传统露天鱼塘改造成1:1比例的生态养殖区和生态净化区，大幅降低水产养殖过程中的水体面源污染，实现清洁生产、高效节约水资源，真正实现水产养殖提质增效的创新发展方式（单户效益提升3倍左右）。庆渔堂利用双鱼塘微水循环生态养殖方式提高了渔户水产养殖品质，改变了传统水产养殖产品农残超标、土腥味重和肉质差问题，与渔户、消费者一起实现了价值共创。

庆渔堂提供的生态养殖科技管理服务分为运维管家服务和养殖专家服务。运维管家定期到养殖现场进行养殖设施的维护，包括检查隔离装置、排污系统、过滤系统、注水增氧系统和生态自净化系统，同时对养殖设备进行维护，确保系统正常运行。此外，庆渔堂还会组织养殖专家定期对鱼塘进行水质和样品鱼检测，并结合平台大数据分析，科学规划好鱼病防治和水质安全管理，

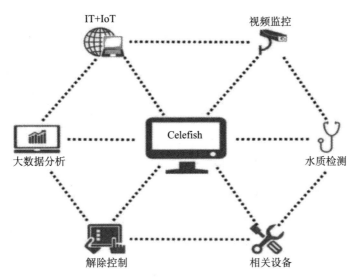

图 4 – 6　双鱼塘微水循环生态鱼养殖示意

图 4 – 7　庆渔堂生态养殖模式示意

　　注：庆渔堂利用光谱变频技术、纯物理水生态修复技术、纯物理密闭杀菌技术、物联网水质监控系统、养殖水环境的闭环控制和设备联动控制系统实现水生态修复。

　　确保生态养殖。同时，庆渔堂还将利用 BasS（区块链即服务）技术为不同用户提供科技养殖大数据管理、追踪溯源、防伪校验等服务，平台将物联网水产养殖数据、供应链数据和金融数据等上传区块链，保证数据隐私安全并且永远不可篡改。利用 A-I 技术构建水产养殖产品的信用体系，确保养殖产品品质。

4.6　研究发现与进一步分析

通过上述研究可以发现，庆渔堂农业科技有限公司利用 AI 和 IoT 技术实现了智慧渔业 CBE，AI 和 IoT 是该 CBE 的重要技术内核；在庆渔堂不同阶段，基于 AI 和 IoT 的 CBE 展现出了不同的特征和态势，随着庆渔堂公司不断拓展 AI 和 IoT 的应用广度与深度，A-I-CBE 参与企业间的合作越来越广泛和深入。同时，就 AI 和 IoT 对 CBE 影响机理的研究结果还发现：价值共创依然是 A-I-CBE 有效运行的关键模式，AI 和 IoT 成为 A-I-CBE 参与企业实现价值共创的核心技术纽带。基于上述结论，对数字经济提升农业协作生态系统的内在机理，展开如下进一步分析。

4.6.1　A-I-CBE 对市场具有更好的响应效率

在当前的市场环境下，单个企业已经无法完全靠自己获得竞争优势（Mukhopadhyay and Bouwman，2018）。CBE 是一种协作网络（Collaborative Networks），为跨行业的企业如何开展合作提供了一个崭新的视角。CBE 类似于一个产业集群，并不局限于一个部门，往往包括一个区域内的关键部门。那么，如何把这些关键部门整合在一起？ CBE 给出了一个恰当的协作组织形式（Camarinha-Matos and Afsarmanesh，2004）。在 CBE 中，核心企业提供关键性资源和技术，其他跟随者发挥协同作用，为客户提供综合性服务，实现共生共荣（Gawer，2014）。无论是哪一种组织形式，企业的共同目标都是在不断变化的环境中更好地生存。CBE 能够准确地感知环境的变化，使成员更具有敏捷性，制定出可行的方案，应对客户的需求（Baldissera and Cama-rinha-Matos，2016）。

本案例中庆渔堂构建的 CBE 专注于满足养殖户的需求，包括直接需求和衍生需求。在高度动态的环境中，庆渔堂自身无法独立为养殖户提供全部的产品和服务。在这种情境下，庆渔堂联合供应商、鱼市场、餐饮企业、银行和保险等相关企业组成一个相互依赖、合作紧密的网络，共享技术和数据资源，扩大市场，实现商业生态系统整体的优化（Baldissera and Camarinha-Matos，2016）。因此，构建 CBE 是应对当前社会经济环境挑战的需要。

4.6.2　A-I 是构建新型 CBE 的关键技术

随着通信技术和互联网科技的迅速发展和应用，出现了先进的合作平台，推动了商业生态系统这一概念的细化，出现了新领域的研究（Graça and Camarinha-Matos，2017）。基于 A-I 的 CBE 就是在这种情境下产生的。A-I-CBE 遵循穆尔（1993）的商业生态系统理论，但强调的是 A-I 的概念。由 A-I 构成的平台可以让更多的利益相关者参与进来，创造一个商业生态系统，而不仅仅是一个供应链网络。因此，A-I 可以为农业协作生态系统企业提供更广阔的视野、跨行业的协作（Rong et al.，2015）。如庆渔堂公司，通过结合 A-I，搭建先进的系统平台，不仅实现智能养鱼，还把供应商、鱼市场、餐饮企业、银行保险企业和政府纳入 CBE，使得 CBE 的含义和范围更加广泛。

A-I 作用于商业生态系统的每个阶段。通过整合各方资源，共享数据，灵活地建立起企业间的、高效的连接，将各个企业的业务环节孤岛连接在一起，有效地降低了风险，增强了持续发展的动力。作为一个扩展的、开放的网络，A-I-CBE 连接所有的利益相关者，不同企业可以为商业生态系统增加价值。它通过把 A-I 应用于实践，将技术和经济、社会等问题结合起来，确保了经济、社会、环境的可持续发展（Rong et al.，2015）。

4.6.3　基于 A-I 技术的商业协作更利于 CBE 实现价值共创

传统企业认为，只要自身产品或服务优于竞争对手，就能在激烈的竞争中取得优势地位（Moore，1993）。在当前的经济环境下，企业已经不是独立自主的竞争主体，而是高度互相依赖、互相协作的竞争网络中的一部分（Mukhopadhyay and Bouwman，2018）。商业竞争已经从单个企业之间的竞争转变为商业生态系统层面的竞争。在一个商业生态系统内，需要更多的协作策略解决商业不可持续性的相关问题（Tencati and Zsolnai，2009）。事实上，农业协作生态系统企业想要提高自身的生存能力，需要在顾客、市场、产品与服务、过程、组织、风险承担者、政府和社会七个维度构建竞争优势，且与外部环境协同进化（Moore，1993）。如上所述，庆渔堂公司实现的成本管控、风险识别与控制、环境污染控制和渔业品质等四个方面的价值共创，无一不是通过与养殖户、供应商、鱼市场、银行及保险等利益相关主体紧密协作达成的结果。因此，在数字经济背景下，协作是农业生产与经营企业寻求长期发展的途径（Camarinha-Matos and Afsarmanesh，2006；Tencati and Zsolnai，2009），更是 CBE 的核心所在（Baldissera and Camarinha-Matos，2016）。农业协作生态系统中的核心企业必须让更多的主体参与商业生态圈的共建，推动各主体之间的联系与协作，实现优势互补、互利互惠，才能为整个农业协作生态系统创造可持续的价值。

4.7 案 例 启 示

庆渔堂的案例通过数字技术的链接，数字科技公司、农户、农业金融、饲料公司、餐饮企业、消费者和政府部门等价值链实体组织深入参与其中，形成了显著的协同效应，在经济、技术、社会人文和环境等方面彰显了综合竞争优势，总体而言，本案例的分析对数字农业协同生态系统的建设和发展有如下方面的启示。

首先是系统性绩效。参与生态系统内的各实体企业或组织通过数字技术的"融通"和"链接"效应，成为面向并服务消费者或客户的一个新的"组织"，发挥各自的优势和长处，呈现出系统性特征，并最后综合反映在经济绩效、技术绩效、社会绩效和环境绩效上。

其次是协同性绩效。绩效的释放与分享都需要参与实体的协同，并共享成果，才能推动协作生态系统可持续发展，庆渔堂的案例典型地呈现出了绩效的协同性。因此，对于数字农业的建设而言，结合当地特色，构建并建设这样的商业协作生态系统，并充分推动各参与实体的协同协作共享，是成功实现数字农业深度转型并长远发展的核心基础。

| 第 5 章 |

数字经济提升农业协作生态系统绩效的评价研究

面对数字经济的快速发展，农业协作生态系统企业需要培育和构建内嵌于数字化产业和产业数字化的数字化能力，从而适应数字经济发展对企业提出的能力要求，并形成基于数字经济演化发展的动态能力体系。因此，本章从动态能力理论视角出发，在梳理现有相关文献的基础上，利用数据包络分析模型对我国典型的数字协作生态系统绩效进行评价。

5.1 农业协作生态系统及其绩效评价的理论分析

5.1.1 国内外数字农业发展现状

人工智能、5G、物联网、大数据等信息技术的快速发展，推进了经济社会各个领域的数字化转型，全球数字化的脚步已势不可挡，新形态数字经济将会是助推全球经济发展的重要趋势导向。在数字技术和数字经济快速发展的背景下，数字农业和数字乡村的建设是实现未来农业农村现代化的必要条件。

1. 国外数字农业发展现状

目前数字农业在世界各国建设发展得如火如荼。一些起步较早的国家，政策支持、科技研发、创新应用等方面都早已大规模展开并快速发展，比如在印度北部、韩国、加拿大、西班牙等国家和地区，研究发现国外学者多以智能农业（Smart Agriculture）来展开农业数字化转型的研究。在智能的农业场景中，从无线传感器网络、网络连接的气象站、监视摄像头和智能手机等各种来源收集了大量数据。印度北部恒河平原的农民一般就根据农田的生长条件、经验和期望的结果作出农场管理决策，这些决策还可以补充从基于传感器的农业管理信息系统中得出的建议（Gangwar D S et al.，2022）。这些数据是在耕作应用程序中用于数据驱动的服务和决策支持系统的宝贵资源。但同时也发现存在着不少问题，如：格式和意义方面的多样性对数据处理造成一定的难度，缺乏用于数据和系统集成的标准化实践，等等（Amiri-Zarandi et al.，2022）。

韩国则将智能农业指定为国家战略投资，扩大了对研发（R&D）的投资，以开发和商业化融合技术，从而扩展了可持续的智能农业并增强全球竞争力。韩国有学者通过从公共资金、研究领域、技术、地区、组织和利益相关者等角度探讨智能农业研发投资状况，并提出了一个潜在的协作网络，展示了研究框架在促进智能农业和建立可持续的研发合作生态系统方面的实用性（Lee D et al.，2022）。加拿大有学者使用特定行业案例研究开发了确定加拿大数字农业生态系统中的利益相关者模型，将利益相关者划分为个人、产业和社会团体，在数字农业中既具有直接参与作用，又具有支持性作用（Ebrahimi H P et al.，2021）。另外，西班牙有学者确定了一种农业合作数字诊断工具，该工具允许对合作社在数字化转型方面的情况进行自我评估，帮助合作社了解数字技术提供的可能性，并对西班牙的两个农业合作社案例进行了分析（Ciruela-Lorenzo A M et al.，2020）。

不同国家、不同领域的学者们，根据不同地区的农业发展现状以及数字化转型情况对数字农业的发展进行了分析，现在一些农业发达国家的智慧农业都已达到世界领先水平，因地制宜创新的现代化农业发展模式也已形成并在日益完善，精准生产管理、节约人力物力资本、提高产能和质量也都在逐渐实现。

2. 国内数字农业发展现状

在国内数字化转型的时代浪潮中，用数字经济赋能现代农业，是下一阶段的发展重点，也是全面推进乡村振兴，加快农业农村现代化发展的关键。在无线传感、3S、云平台和大数据的基础之上，我国数字农业领域取得了较大的进步，比如北京的小汤山技术示范园区利用卫星遥感技术监测农作物长势，黄淮海和京津冀地区进行了小麦遥感估产和作物灾害损失评估，兰溪市利用数字农业技术对大棚内的水分、温度和作物长势等情况进行实时数据的监控。然而现阶段，薄弱的信息基础设施、短缺的数字人才以及不充分的数据共享等因素仍然制约着数字经济对乡村振兴赋能作用的有效发挥，这就需要通过政策体系的引导，找准数字经济与乡村振兴的结合点，探索赋能作用有效发挥的途径（张蕴萍等，2022）。

数字乡村是伴随网络化、数字化和信息化在农业农村经济社会发展中的应用，以及农民现代信息技能的提高而衍生的农村现代化发展和转型进程，是一种遵循以人为本、开放共享、整体协同的治理理念，以数字技术为工具，对乡村生产、生活、生态等方面进行数字化重塑的建设模式。目前，我国数字乡村发展基础依旧薄弱。原因有：一是数字乡村大数据平台稀缺，村民人口基础信息、土地资源基础信息、生产经营基础信息等农业基础信息缺失严重。二是新一代信息技术应用对农业农村的普及度和覆盖率仍然偏低，导致数字乡村发展进程相对缓慢。三是目前大部分农民文化教育水平普遍偏低且农村青年劳动力不断外流，导致从事数字乡村建设人才匮乏。所以，要善于利用"数字乡村"战略挖掘农业发展潜能，强化农业科技创新，赋能农业要素市场，优化政策评估机制，这是"数字乡村"建设为农业高质量发展提供新动能的关键所在（夏显力等，2019）。

此外，已有的相关文献都十分重视数据在数字农业发展中起到的作用。有学者将数据定义为一种新型生产要素，以数据重构农业生产要素配置效率的分析为理论模型，探讨农业数字化转型需要经历的数字化阶段（谢康等，2022）。数字经济通过将数据要素纳入农业生产、将数字产品和服务融入农民生活、将数字化思维融入农村政务服务，助力农业产业的多元化与集约化、农民的技能提升与精神生活的满足、乡村治理的数字化与智能化，为实现乡村产业振兴、生态振兴、人才振兴、文化振兴和组织振兴提供了数字化动力（张蕴萍等，2022）。

当前世界信息技术创新活跃，为数字农业发展提供了市场机遇，国内数字农业产业起步较晚但发展速度快，2021年中共中央、国务院印发的《关于全面推进乡村振兴加快农业农村现代化的意见》和"十四五"规划都对乡村振兴和农业农村现代化作出了重要部署，大力推进数字技术在农业农村中的应用。

5.1.2　数字农业产业链与组织新形态

数字化是农业产业升级的重要切入点，数字农业的落地推行，引起了多方关注，各大互联网巨头也纷纷在政策的指引下布局农业。从相关文献来看，数字农业产业链的形成与发展，主要是解决生产端和销售端的问题，从而打造双精农业，生产端是精准农业，消费端是精品农业。其中，可以充分利用物联网、大数据、人工智能等数字技术实现农业的精准管理，做到数据对称与匹配。

1. 数字农业产业链

剖析农业产业数据价值链，数据作为农业的新生产要素与农业生产、销售、物流、监测相结合的数字活动形成数据价值链，数据使弱势的农业产业转向智能化、标准化、数字化，数据通过连接、汇集、再创造活动呈现大数据的网络效应、规模效应、学习反馈效应使农业产业及相关企业收益呈现规模报酬递增态势。另外，"产品"和"数据"的叠加优势以及数据汇集的平台优势、数据优势、信息优势构成了农业企业的新竞争优势（李飞星等，2022）。但关于农业价值链数字化转型，也有很多的争议，主要集中在治理问题上，例如监管与不监管，集中式数据共享，分散式数据共享，数据主权模型以及信任和不平等现象等（Martens K et al.，2022）。

随着科学和技术的进步，信息通信技术的实际应用中的区块链技术对农业具有更深的数字意义。国内学者以北京利米尼的生态农场作为案例研究，并为其发展和挑战提出了"基于区块链的电子农业"框架。该框架将生态农场的整个循环农业模型纳入区块链。区块链网络会通过各种类型的智能设备自动收集和上传数据，该设备扩展了可用于共享的信息集。这可以解决诸如不对称信息、不可靠的第三方机构以及有机食品可追溯性差的问题（Chen Y et al.，2020）。这就是为什么农业产业的高度不足，需要在技术安全和可靠性方面进行技术转型。国外学者开发了合作可持续的电子农业 SCM 模型，它通过考虑 Web 设计指数和可变需求来决定农业产品的货物销售价格、周期时间和广告成本。由于无形的网络设计元素和基本成本，模型中的不确定性是通过模糊系统的应用来处理的，还考虑了碳排放以提供更清洁的生产（Alkahtani M et al.，2019）。

数字农业模式创新是由以"产品"为核心，高效生态的数字生产模式和以"消费者"为中心，全产业链延伸的数字经营模式组成的。数字农业模式的发展路径应以农业生产为根本，推进生产模式变革；以消费者需求为核心，推进消费模式变革；以供应链整合为基础，推进经营模式变革；以产业融合为方向，推进产业模式变革；以组织化水平提升为支持，推进能力变革（汪旭辉等，2020）。

所以，把数字技术嵌入从田间地头到消费终端供应链管理全过程，以"工业思维＋数字农业"指导农产品研发与生产制造，形成营销、物流、技术、资金、人员培养等全方位数字化赋能，从而提高农业经济效益。事实上，数字化农业的价值一定是价值链的升级，产业链升级只是数字技术变革农业的第一步，而实现价值链的升级才是数字化农业最终的目标。

2. 农业数字化转型及其组织新形态

在数字经济背景下，农业的数字化转型需要构建新的组织形态，例如：创新生态系统、协作商业生态系统（CBE）、平台生态系统、技术生态系统，等等。农业数字化转型的驱动因素包含了国家政策层面的制度支持、农业产业层面的价值驱动、新型农业经营主体与科技企业层面的发展推动以及消费者对美好生活向往的需求拉动四个方面，进而形成了从宏观制度到中观产业再到微观企业和消费者需求的有机统一（易加斌等，2021）。数字农业创新生态系统的构成要素则包括了内部架构者能量群、外部架构者调节群和数字农业创新生境三个方面。数字赋能下的能量群内部主体的相互作用以及能量群和调节群之间相互作用促进数字农业创新主体的集聚，进而逐渐形成复杂的数字农业创新链（李海艳，2022）。

国外有学者验证了哪些农业循环行动已应用于使用信息和通信技术、物联网和大数据的商业生态系统，并对商业生态系统和数字技术的研究领域进行了系统的文献审查（Trevisan A H et al.，2021）。而国内学者则通过对中国农业科学技术公司 Celefish 的深入案例研究，来展示基于 A-I 的协作业务生态系统（A-ICBE）的机制，包括 Celefish 公司是如何开发 A-ICBE 的，又是如何统筹生态系统参与者之间共同创造的价值（Yang X P et al.，2020）。

平台生态系统是在一系列前沿数字技术的推动下自然叠加构建出来的新

的组织形态。有学者通过关注与数字农业发展生命周期的各个阶段相关的知识过程来研究商业生态系统的发展，以平台生态系统的案例研究为基础，并揭示了生成、应用和价值化三个知识过程（Attour A et al.，2021）。其他学者对平台研究进展情况进行了系统梳理和总结，依据文献研究和现实案例，设计了平台通过标准化的供给侧接口作为基础，品牌建设的需求侧接口作为抓手，赋能架构输出商品化服务，数据、人才和技术体系作为基石。借助生态平台赋能，依托价值创造、价值分配、动力机制和约束机制，让农户重新组织起来，真正实现分散的农户集聚在生态平台模式下进行自主经营（薛楠等，2022）。还有的学者认为平台和启用生态系统的组合提供的灵活性使来自不同行业的多个竞争和协作组织可以实现快速创新，讨论了可持续平台领导策略的关键治理挑战，该战略为平台领导者以及生态系统合作伙伴带来了好处（Mukhopadhyay S et al.，2018）。

为考虑数据治理设计，以使数字农业的利益公平地共享，以及数字农业如何改变农业商业模式，即农场结构、价值链和利益相关者的角色、网络和权力关系以及治理。还有学者提出了开发一种"技术生态系统"（Shepherd M et al.，2020）。

5.2　评价模型设计与数据来源

5.2.1　评价模型设计

1. 基于 DEA-BCC 的评价模型设计

数据包络分析（data envelopment analysis，DEA）是基于线性规划模型，通过带入多个同类决策单元（DMU）的多项投入指标和产出指标，根据所算的结果来评价决策单元相对效率的一种方法，查恩斯和库铂（A. Charnes and W. W. Cooper）于 1978 年提出，由魏权龄在 2000 年引入中国，DEA 主要包括 CCR（CRS 模型，规模报酬不变）、BCC（VRS 模型，规模报酬可变）和 Malmquist 指数等模型，其中 BCC 模型公式如下：

$$\min \left[\theta - \varepsilon \left(e^T s^- + e^T s \right) \right]$$

$$
\begin{cases}
\sum_{j=1}^{n} x_j \lambda_j + s^- = \theta x_{j0} \\[2mm]
\sum_{j=1}^{n} y_j \lambda_j - s^+ \leqslant y_{j0} \\[2mm]
\sum_{j=1}^{n} \lambda_j = 1 \\[2mm]
\lambda_j \geqslant 0, s^- \geqslant 0, s^+ \geqslant 0
\end{cases}
\tag{5-1}
$$

公式（5-1）中，θ 为所测度的各个数字农业协作生态系统的效率值，对应 x 表示固定资产、营业成本、员工总数、数字技术应用和协作生态系统 5 个投入指标，对应 y 表示经济绩效、环境绩效、技术绩效和文化绩效 4 个产出变量，λ 表示决策单元线性组合系数，s^- 和 s^+ 为松弛变量（Slack Variable），e^T 为求和，ε 代表非阿基米德无穷小量。θ 为第 i 个数字农业协作生态系统的综合效率值，满足 $0 \leqslant \theta \leqslant 1$。当 $\theta = 1$，且 s^- 和 s^+ 为 0 时，数字农业协作生态系统为 DEA 有效；当 $\theta = 1$，但 s^- 和 s^+ 不全是 0 时，数字农业协作生态系统为弱 DEA 有效；当 $\theta < 1$ 时，则表示数字农业协作生态系统 DEA 无效。DEA-BCC 模型所得结果关系为：综合效率（crste）= 纯技术效率（vrste）× 规模效率（scale），纯技术效率和规模效率二者共同作用于综合效率。

2. 基于 SBM-DEA 的评价模型设计

传统 DEA 模型由于没有考虑投入产出的松弛而导致测算结果偏高，为了解决这个问题，托恩（Tone）在 2001 年提出了基于非径向角度的 SBM-DEA 模型，该模型将松弛变量考虑在内，随着投入和产出指标的松弛程度的变化，效率值会随之调整使结果更加精确。但 SBM-DEA 模型无法对多个有效决策单元进行排序，为了解决这个问题，托恩在 2002 年提出超效率 SBM-DEA 模型，该模型可以基于规模报酬不变和规模报酬可变两种情形下的综合效率和纯技术效率进行测算。超效率 SBM-DEA 的效率值为 ρ_{se}，设 x、y 分别为上述投入变量和产出变量，其中投入指标个数为 5，产出指标个数为 3，设投入和产出的松弛变量为 s^-、s^+，权重向量为 λ，则公式如下：

$$\begin{cases} \text{Min } \rho_{se} = \dfrac{\dfrac{1}{m}\sum\limits_{i=1}^{m}\dfrac{x_i}{x_{ik}}}{\dfrac{1}{s}\sum\limits_{r=1}^{s}\dfrac{y_r}{y_{rk}}} \\[4mm] \text{s. t. } \sum\limits_{j=1,j\neq k}^{n} x_j \lambda_j \leqslant \bar{x}; \sum\limits_{j=1,j\neq k}^{n} y_j \lambda_j \leqslant \bar{y} \\[4mm] \sum\limits_{j=1,j\neq k}^{n} x_{ij} \lambda_j + s_i^- = x_{ik}, i=1,2,\cdots,m \\[4mm] \sum\limits_{j=1,j\neq k}^{n} y_{ij} \lambda_j - s_r^+ = y_{rk}, r=1,2,\cdots,s \\[4mm] \sum\limits_{j=1,j\neq k}^{n} \lambda_j = 1, \bar{x} \geqslant x_k, \bar{y} \geqslant y_k, j=1,2,\cdots,n(j\neq k) \\[4mm] \bar{y} \geqslant 0, \lambda \geqslant 0, s_i^- \geqslant 0, s_r^+ \geqslant 0 \end{cases} \quad (5-2)$$

公式（5-2）中，数字农业协作生态系统 DEA 相对有效的条件是 $\rho_{se} \geqslant 1$ 且 $s^- = s^+ = 0$，当 $\rho_{se} \geqslant 1$，且 $s^- \neq 0$ 或 $s^+ \neq 0$ 时 DEA 弱有效，当 $\rho_{se} < 1$ 时，数字农业协作生态系统 DEA 测算相对无效，说明存在冗余，需要改进投入产出以使数字农业协作生态系统达到有效水平。

3. 基于 DEA-Malmquist 的评价模型设计

Malmquist 指数模型参照法尔等（Färe et al. ，1992）定义的 Malmquist 生产率指数，也就是卡夫等（Caves et al. ，1982）所提出的第 t 期及第 t+1 期的 Malmquist 生产率指数的几何平均数，通过计算距离函数的比率进而测算决策单元投入产出效率，从而评价决策单元产出效率在不同时期的表现。公式（5-3）为：

$$M(x_{t+1}, y_{t+1}, x_t, y_t) = \frac{D_{t+1}(X_{t+1}, Y_{t+1})}{D_t(x_t, Y_t)} \times \sqrt{\frac{D_t(x_{t+1} \cdot Y_{t+1})}{D_t(X_t, Y_t)} \times \frac{D_{t+1}(x_{t+1}, y_{t+1})}{D_{t+1}(X_t, Y_t)}}$$

$$(5-3)$$

$\dfrac{D_{t+1}(X_{t+1}, Y_{t+1})}{D_t(x_t, Y_t)}$ 代表 Effch（技术效率变化指数），用来衡量数字农业

协作生态系统的内部管理水平；$\sqrt{\dfrac{D_t(x_{t+1} \cdot Y_{t+1})}{D_t(X_t, Y_t)}}$ 代表 Techch（技术进步指

数），Effch > 1，表明所测算数字农业协作生态系统的技术效率相对于上一时

期有所提升，反之则表明所测算样本的技术效率相对于上一时期不变或降低；Techch > 1，表明所测算数字农业协作生态系统的技术相对于上一时期进步了，反之表明所测算样本的技术相对于上一时期不变或者退步。规模报酬可变（VRS）的情况下，Effch 可分解为纯技术效率（Pech）和规模效率（Sech），此时公式（5－3）可表示为：$M（x_{t+1}，y_{t+1}，x_t，y_t）= Pech × Sech × Techch$，从公式（5－3）可以看出，$M（x_{t+1}，y_{t+1}，x_t，y_t）$的结果受到多个指标共同影响。若全要素生产率 > 1，表明所测算的数字农业协作生态系统的 $M（x_{t+1}，y_{t+1}，x_t，y_t）$相对于上一期有所改善；若全要素生产率 ≤ 1，则表明所测算样本的 $M（x_{t+1}，y_{t+1}，x_t，y_t）$相对于上一期不变或恶化。

5.2.2 评价指标构建

根据现有研究发现，对于数字农业协作生态系统的绩效评价，多从经济效益、环境效益、社会人文效益以及技术效益方面设定评价指标。其中，经济效益和环境效益密不可分，通常会被放在一起考虑，社会人文效益多从数字乡村的公共文化角度来考虑，技术效益则与大数据、AI、物联网、区块链等有关。结合评价模型，就相关评价指标或变量设计如下。

1. 投入变量

本书将固定资产、营业成本和员工总数设定为模型的投入变量（李宪印等，2016）。固定资产是样本经营活动得以实施的重要资产，营业成本是指研究对象销售商品、提供劳务等经营性活动所发生的成本，员工总数是指在单位中工作，并由单位支付工资的各类人员，都是衡量企业所有者对企业的 DA-CBE 投入的重要指标。除此之外，本书还增加了数字技术应用和协作生态系统两个核心变量，具体定义如下：

第一，数字技术应用。企业数字化转型数据库是基于上市公司年报、募集资金公告、资质认定等公告中公布的相关内容而建立的数据库。采用企业数字化转型数据库中的数字化转型指数，对 DA-CBE 数字技术应用程度进行度量。

第二，协作生态系统。判断该样本系统是否具有 CBE 思维，采用前五大客户销售额占比，即本期上市公司向客户销售额占年度销售总额的比例。

2. 产出变量

第一，经济绩效。采用托宾 Q 值，即股票市场价值与总资产重置成本之比来表示企业价值（杨印生等，2009）。这一比率通过对企业在未来一段时间内经营、获利等各方面综合能力的预估来反映投资者对企业未来盈利的预期，是对 DA-CBE 市场价值的一种度量。

第二，环境绩效。采用重点污染监控单位，即报告中披露公司为重点监控单位，赋值为 1，否则为 0，本章对该指标设置评分，初始分为 0，是重点污染监控单位减 1 分，非重点监控单位则加 1 分。这一指标是对 DA-CBE 环境绩效的一种度量。

第三，社会人文绩效。采用企业社会责任 CSR 评级数据，评估研究对象在社会责任方面的表现，包括社会责任投入、社会责任报告、社会责任活动等。这是对 DA-CBE 在社会责任方面的绩效评价。

第四，技术绩效。采用研发投入占营业收入比例，即研发资金投入与企业营业收入之比。从短期来看，可以视为研发投入成本占当期产出的比例，用以衡量技术产出在当期对经营成本比重的影响。从长期来看，研发投入比，可以视为该项技术发展过程中所产生的价值占该技术在生命周期内所有的销售收入的比例，用以衡量技术的运作效率。

综上所述，本章共选取 5 项投入指标和 4 项产出指标建立数字农业协作生态系统绩效评价体系，详细如表 5 – 1 所示。

表 5 – 1　　　　　　　投入—产出指标选取与说明

指标项	指标	说明
投入指标	固定资产	固定资产净额为固定资产原价除去累计折旧和固定资产减值准备之后的净额
	营业成本	企业经营过程中所有成本之和
	员工总数	企业员工总人数
	数字技术应用	数字化转型指数
	协作生态系统	前五大客户销售额占比为本期上市公司向前五大客户销售额占年度销售总额的比例
产出指标	经济绩效	托宾 Q 值为股票市场价值与总资产重置成本之比
	环境绩效	重点污染监控单位为报告中披露公司是否为重点监控单位
	社会绩效	企业社会责任 CSR 评级数据
	技术绩效	研发投入占营业收入比例为研发资金投入与农业类上市公司营业收入之比

在进行计算前首先要满足 DEA 模型的两个前提条件：①被评价单元数目必须不少于投入与产出指标数量之和的三倍，以避免对效率值的过高估计；②决策单元的投入和产出指标为非负数。本章评价单元数目等于投入和产出指标数量之和的三倍，满足假设前提①。由于本章所选用指标出现零和正数，为满足假设前提②，对原始数据进行无量纲化处理，具体见公式（5-4）：

$$z_{ij} = 0.1 + \frac{z_{ij} - b_j}{a_j - b_j} \times 0.9 \qquad (5-4)$$

其中 b_j 为 j 项指标的最小值，a_j 为 j 项指标的最大值，z_{ij} 是原始值，通过无量纲化处理以后的数值 z_{ij} 在 0 到 1 之间。

5.2.3 样本与数据来源

按照最新《2021 年中国证监会行业分类》的分类标准，截至 2021 年农业类上市公司（包括农业、林业、畜牧业、渔业、农林牧渔服务业和农副食品加工业）总计有 101 家，2013 年前农业类上市公司有关数字化转型指数数据并未完全披露，故收集整理 2013 年及之后最新相关数据对数字农业协作生态系统绩效评价进行研究，数据来源于 CSMAR 国泰安数据库、和讯网。参考申万行业分类、中证行业分类等，剔除在 2013～2020 年的 ST 公司和数据出现异常或缺失的样本后，重点选择涉及种子、粮食种植、生猪养殖、肉鸡养殖、水产养殖、农产品加工、食品加工、饲料等共计 27 个 DA-CBE 样本，如表 5-2 所示。

通过借鉴有关文献研究的基础上选取固定资产净额、营业成本、员工人数、前五大客户销售额和数字化转型指数为投入指标，选取托宾 Q 值 B、重点污染监控单位、企业社会责任 CSR 评级数据和研发投入占营业收入比例为产出指标。其中，固定资产净额、营业成本和员工人数用来反映公司的规模大小与资源消耗；前五大客户销售额用来反映公司的协作能力；数字化转型指数用来反映公司的数字化程度；托宾 Q 值 B、重点污染监控单位、企业社会责任 CSR 评级数据和研发投入占营业收入比例则分别用来反映公司的经济、环境、社会和技术方面的绩效水平。样本投入与产出指标的描述性统计如表 5-3 所示。

表 5 - 2　　　　　　　　　　　　DA-CBE 分类表

子行业	分类	样本
种植业	种子	隆平高科（DA-CBE7），登海种业（DA-CBE8），荃银高科（DA-CBE21），神农科技（DA-CBE24），万向德农（DA-CBE25），丰乐种业（DA-CBE3）
	粮食种植	北大荒（DA-CBE27）
养殖业	生猪养殖	罗牛山（DA-CBE4），天邦食品（DA-CBE10）
	肉鸡养殖	民和股份（DA-CBE11），圣农发展（DA-CBE12），益生股份（DA-CBE16）
渔业	水产养殖	国联水产（DA-CBE22）
农产品加工	粮油加工	西王食品（DA-CBE1）
	其他农产品加工	晨光生物（DA-CBE23），南宁糖业（DA-CBE6）
食品加工	肉制品	双汇发展（DA-CBE5），得利斯（DA-CBE14）
	休闲食品	洽洽食品（DA-CBE18），煌上煌（DA-CBE19）
	预加工食品	海欣食品（DA-CBE20）
饲料	畜禽饲料	正虹科技（DA-CBE2），天康生物（DA-CBE9）大北农（DA-CBE15），金新农（DA-CBE17）
	水产饲料	海大集团（DA-CBE13），通威股份（DA-CBE26）

表 5 - 3　　　　　　　　　　　　投入与产出指标统计

统计量	固定资产	营业成本	员工人数	协作生态系统	数字技术应用	经济绩效	环境绩效	社会绩效	技术绩效
平均值	0.1653	0.1827	0.1990	0.1639	0.3864	0.2944	0.6893	0.5300	0.1461
中位数	0.1229	0.1248	0.1298	0.1208	0.3350	0.2474	0.6786	0.5493	0.1286
最大值	1	1	1	1	1	1	1	1	1
最小值	0.1	0.1	0.1	0.1	0.1	0.1	0.1	0.1	0.1
标准差	0.1141	0.1544	0.1632	0.1156	0.2151	0.1568	0.1612	0.1458	0.0805
样本数	27	27	27	27	27	27	27	27	27

5.3 评价结果及分析

5.3.1 数字农业协作生态系统绩效的综合评价

1. 数据分析

本书以每一家农业类上市公司为一个数字农业协作生态系统的样本，对其进行绩效的综合评价。表 5-4 以 DA-CBE7、DA-CBE16、DA-CBE22、DA-CBE23、DA-CBE5 和 DA-CBE2 为例，对其主营业务进行总结。

表 5-4   DA-CBE 代表样本主营业务情况

子行业	代表样本	协作生态系统主营业务
种植业	DA-CBE7	以杂交水稻、杂交辣椒、瓜类为主的高科技农作物种子、种苗的培育、繁殖、推广和销售，与此相关的农化产品的研制、生产和销售
养殖业	DA-CBE16	祖代种鸡的引进与饲养、父母代种雏鸡的生产与销售、商品肉雏鸡的生产与销售、饲料的生产和销售、种猪和商品猪的饲养和销售
渔业	DA-CBE22	从事水产种苗、饲料、养殖、加工及销售等业务
农产品加工	DA-CBE23	辣椒红色素、叶黄素、辣椒精和番茄红素等天然植物提取物的生产、研发和销售
食品加工	DA-CBE5	食品加工及销售、生物工程、畜牧养殖、包装制品的生产和销售
饲料	DA-CBE2	饲料系列产品的科研、生产、销售

本书通过数据包络分析法对数字农业协作生态系统进行绩效评价。BCC 模型也叫 VRS 模型，即规模报酬可变的 DEA 模型，BCC（VRS）作为 DEA 的基础模型，可形成投入导向和产出导向两种形式，但二者所得效率结果并不相等。在样本实际活动中通过产出导向的 DEA 模型并不容易控制产出指标从而控制成本，故本章使用投入导向的 BCC（VRS）模型，运用 Deap2.1 软件对 27 个 DA-CBE 在 2013~2020 年的数据进行测评，所得结果如表 5-5 所示。

表 5 - 5　　　　　　　2013～2020 年 DA-CBE 绩效评价静态测度

决策单元	规模效率	技术效率	综合效率
DA-CBE1	0.756	0.756	0.750
DA-CBE2	0.750	0.750	0.750
DA-CBE3	0.813	0.763	0.800
DA-CBE4	0.870	0.777	0.848
DA-CBE5	0.829	0.782	0.793
DA-CBE6	0.917	0.914	0.846
DA-CBE7	0.769	0.769	0.750
DA-CBE8	0.753	0.753	0.750
DA-CBE9	0.900	0.943	0.802
DA-CBE10	0.966	0.916	0.803
DA-CBE11	0.766	0.765	0.751
DA-CBE12	0.912	0.810	0.842
DA-CBE13	0.906	0.888	0.869
DA-CBE14	0.782	0.762	0.768
DA-CBE15	0.975	0.946	0.770
DA-CBE16	0.796	0.796	0.750
DA-CBE17	0.903	0.889	0.764
DA-CBE18	0.856	0.851	0.754
DA-CBE19	0.771	0.758	0.764
DA-CBE20	0.759	0.759	0.750
DA-CBE21	0.757	0.757	0.750
DA-CBE22	0.884	0.838	0.796
DA-CBE23	0.792	0.792	0.750
DA-CBE24	0.750	0.750	0.750
DA-CBE25	0.750	0.750	0.750
DA-CBE26	0.927	0.810	0.841
DA-CBE27	0.807	0.782	0.769
均值	0.830	0.808	0.781

根据 DEA 理论与表 5 – 5 的数据特点，把效率值分成如下四个区间：当 $\theta = 1$ 时，样本的效率处于有效状态，DA-CBE 效率达到最佳；当 $0.8 \le \theta < 1$ 时，样本的效率处于较有效状态，DA-CBE 效率较高；当 $0.6 \le \theta < 0.8$ 时，样本的效率处于较无效状态，DA-CBE 效率相对较低；当 $0 \le \theta < 0.6$ 时，样本的效率处于无效状态，各样本规模效率、技术效率和综合效率数据分布如图 5 – 1 所示。

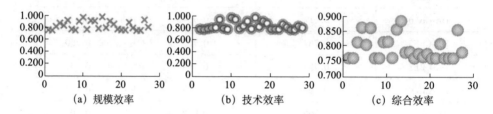

图 5 – 1　DA-CBE（2013 ~ 2020 年）效率分布示意图

图 5 – 1 横坐标对应表 5 – 5 的 DMU 编号，纵坐标则分别表示规模效率值、技术效率值和综合效率值。从表 5 – 5 和图 5 – 1 分布可知，目前所有样本尚未呈现出绝对有效状态，规模效率有 15 个样本处于较为有效的状态，12 个样本处于较无效状态，没有样本处于无效状态。技术效率则由 10 个样本处于较有效状态，17 个样本处于较无效状态，没有样本处于无效状态。综合效率方面，有 8 个样本处于较为有效的状态，19 个样本处于较无效状态，没有样本处于无效状态。这说明我国数字农业协作生态系统总体介于较无效和较有效状态之间，总体处于效率亟待提升的水平。从均值来看，我国各数字农业协作生态系统的规模效率均值为 0.830，技术效率为 0.808，均为较有效状态。

从各样本数值来看，综合效率最高的是第 13 个样本，综合效率达到 0.869，对应的规模效率为 0.906，技术效率为 0.888，均远高于平均水平。进一步对照分析发现，第 13 个样本为以海大集团为核心的数字农业协作生态系统。进一步梳理其业务发现该 CBE 通过水产饲料、水产养殖，同时结合数字技术的使用，有效提升了生态系统内的技术绩效和综合绩效。规模效率最高的为样本 15，数值达到 0.975，对应的技术效率为 0.946，综合效率为 0.770。进一步分析发现该样本为以大北农为核心的 CBE，主要负责兽禽业务，其技术表现较好的原因与其大量使用数字技术进行饲料生产，并在兽禽养殖方面广泛利用新技术有关。而综合效率较低的原因可能与相当长一段时期以来，非洲猪瘟、禽流感等因素可能限制了类似业务 CBE 的经济绩效和环境绩效的发挥有关。

总体而言，我国各样本 DA-CBE 绩效水平总体有比较大的进步，同时处于上升通道，但这些生态系统投入的资本配置没有实现最优，或是规模没有处于最佳水平，其投入与产出指标存在不同程度的改进空间。以 DA-CBE15 为例，规模效率值为 0.975，即运用当前投入量的 97.5%，就能达到已有产出水平，因而可通过增加基础投入、增强数字技术应用水平，以促使产出得到增长。这也从侧面说明若综合效率值越低，该样本需要改进的空间越大（耿晶晶和刘莉，2019）。此前杨等（Yang et al.，2020）认为 Celefish 构建的 DA-CBE 侧重于满足养鱼户的需求，包括直接需求和衍生需求。尽管在高度动态的环境中，Celefish 无法独立为养鱼户提供所有产品和服务。但在此背景下，Celefish 与供应商、鱼市、餐饮企业、银行、保险公司等合作，形成相互依存、严密协作的网络，共享技术和数据资源，拓展市场，优化 CBE 的整体性能和演进，尤其在成本控制、风险识别和最小化、水污染控制和渔业质量控制等方面发展得较好。

2. 趋势分析

从图 5 – 2 可知，我国主要数字农业协作生态系统的综合效率、规模效率和技术效率在 2013 ~ 2020 年整体呈现出显著的上升趋势，说明以数字技术为核心的技术手段有效提升了我国农业的生产水平和效率，对于促进和提升我国农业的发展水平与生产力起到了显著的促进作用。与此同时，从图中还可以发现综合效率显著低于规模效率和技术效率，规模效率最高，增长趋势也最为明显。这说明技术对于提升我国农业协作生态系统的效果比较明显，但是综合效率显著低于技术效率则表明诸如环境、社会人文等方面的效率提升显著较低，甚至可能存在负面效应，并整体上降低了技术的促进作用。

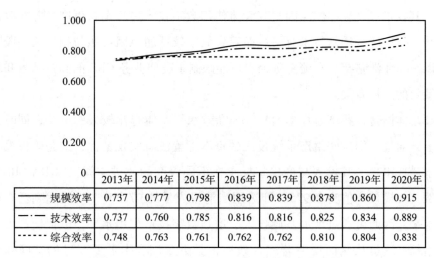

图 5 - 2   2013 ~ 2020 年 DA-CBE 效率变化趋势

5.3.2   基于超效率 SBM 模型的数字农业协作生态系统绩效评价

将 2013 ~ 2020 年各项指标数据代入 Dearun 软件 Super-SBM 模型中，假设规模报酬不变，对 27 个 DA-CBE 数据进行处理，对其技术效率进行分析。超效率 SBM-DEA 结果如表 5 - 6 所示，27 个 DA-CBE 的绩效评价平均水平处于 0.135 ~ 0.893 之间，整体上变化趋势较大。从非有效单元结果来看，超效率 SBM 测算的 CBE 效率均值在 0.8 ~ 0.99 的样本有 1 个，占比为 4%，对应为正虹科技 CBE 协作生态系统，该系统应用互联网、云计算、大数据、人工智能等现代技术手段，将业务系统向云端迁移。通过工艺改进、进度管控、减少浪费、流程再造等方式，提升生产效益，改造企业经营管理水平，提高先进制造能力和科技创新能力，实现产品智能化、服务升级、增强市场竞争力。超效率均值在 0.5 ~ 0.8 的样本有 7 个，占比为 26%。超效率均值在 0.5 以下的样本有 19 个，占比为 70%。说明所选 DA-CBE 样本的技术效率均未达到理想状态。

表 5 - 6   超效率 SBM 数字农业协作生态系统效率测度

决策单元	2013 年	2014 年	2015 年	2016 年	2017 年	2018 年	2019 年	2020 年	均值	排名
DA-CBE1	0.378	0.496	0.487	0.889	1.017	0.637	1.003	0.564	0.684	4
DA-CBE2	0.272	0.657	1.035	1.104	1.011	1.030	1.023	1.016	0.893	1

续表

决策单元	2013 年	2014 年	2015 年	2016 年	2017 年	2018 年	2019 年	2020 年	均值	排名
DA-CBE3	0.394	0.419	0.441	0.500	0.334	0.267	0.293	0.231	0.360	15
DA-CBE4	0.363	1.061	0.371	0.364	0.357	0.354	0.283	0.192	0.418	12
DA-CBE5	0.204	0.211	0.190	0.302	0.371	0.260	0.155	0.215	0.238	21
DA-CBE6	0.208	0.294	0.254	0.354	0.217	0.190	0.195	0.184	0.237	22
DA-CBE7	0.498	0.551	0.579	0.500	0.511	0.436	0.397	0.518	0.499	9
DA-CBE8	0.506	0.466	0.448	0.864	0.554	0.295	0.338	1.098	0.571	5
DA-CBE9	0.324	0.292	0.286	0.299	0.274	0.240	0.237	0.207	0.270	20
DA-CBE10	0.350	0.345	0.356	0.353	0.267	0.228	0.210	0.137	0.281	19
DA-CBE11	0.311	0.366	0.381	0.558	0.620	0.473	0.404	0.369	0.435	11
DA-CBE12	0.176	0.217	0.145	0.181	0.136	0.130	0.124	0.117	0.153	25
DA-CBE13	0.195	0.168	0.155	0.136	0.133	0.129	0.129	0.115	0.145	26
DA-CBE14	0.283	0.418	0.490	0.741	1.022	0.369	0.290	0.501	0.514	8
DA-CBE15	0.243	0.207	0.233	0.219	0.199	0.166	0.184	0.137	0.198	24
DA-CBE16	0.320	0.362	0.428	0.385	0.438	0.341	0.377	0.404	0.382	14
DA-CBE17	0.398	0.459	0.352	0.293	0.298	0.271	0.295	0.248	0.327	16
DA-CBE18	0.284	0.396	0.325	0.332	0.299	0.268	0.280	0.292	0.310	17
DA-CBE19	0.408	0.476	0.589	1.020	0.553	0.446	0.437	0.448	0.547	7
DA-CBE20	0.394	0.453	0.378	0.528	0.371	0.426	0.629	0.562	0.468	10
DA-CBE21	0.428	0.408	0.502	0.515	0.552	0.575	0.605	0.794	0.548	6
DA-CBE22	0.298	0.291	0.330	0.350	0.315	0.271	0.241	0.263	0.295	18
DA-CBE23	0.402	0.415	0.451	0.411	0.415	0.324	0.354	0.476	0.406	13
DA-CBE24	1.180	0.706	0.773	0.487	0.524	1.002	0.702	1.014	0.798	2
DA-CBE25	1.040	0.526	1.051	0.749	0.585	0.525	0.727	1.023	0.778	3
DA-CBE26	0.217	0.185	0.192	0.118	0.107	0.094	0.083	0.080	0.135	27
DA-CBE27	0.168	0.266	0.245	0.223	0.213	0.204	0.215	0.266	0.225	23

2020 年 Super-SBM 模型测算中有 19 个 DA-CBE 的研发投入产出为非 DEA 有效，为了更好分析 DEA 相对无效的单元，对其现有产出下的投入冗余进行分析，如表 5-7 所示。

表 5 – 7　　　　　　　2020 年 19 个 DA-CBE 投入指标冗余度　　　　单位:%

决策单元	固定资产	营业成本	员工总数	协作生态系统	数字技术应用
DA-CBE3	1.33	3.32	1.80	2.80	17.40
DA-CBE4	10.75	6.11	6.82	8.25	13.92
DA-CBE5	29.61	87.47	57.15	19.97	0
DA-CBE6	5.34	5.04	5.74	16.30	35.86
DA-CBE9	10.90	12.64	4.79	4.70	32.70
DA-CBE10	17.78	11.01	14.17	35.01	58.44
DA-CBE11	3.55	1.04	5.95	1.84	0.00
DA-CBE12	12.76	0	14.48	26.97	5.04
DA-CBE13	23.51	79.43	35.11	14.15	50.49
DA-CBE15	20.00	25.29	24.42	15.77	62.05
DA-CBE16	2.83	0	3.71	1.58	23.49
DA-CBE17	4.89	4.75	4.57	6.46	69.03
DA-CBE18	2.35	4.98	5.68	5.68	39.42
DA-CBE19	1.59	2.60	3.48	1.69	29.83
DA-CBE21	0.00	1.21	0.73	1.88	6.20
DA-CBE22	0.00	3.48	3.45	6.24	41.50
DA-CBE23	1.47	3.86	0.82	3.62	46.06
DA-CBE26	54.47	20.67	0	58.34	8.60
DA-CBE27	10.13	3.43	45.82	1.54	51.28
均值	11.22	14.54	12.56	12.25	31.12

从表 5 – 7 可以看出,2020 年 19 个 DA-CBE 的 DEA 无效,分别为 DA-CBE3、DA-CBE4、DA-CBE5、DA-CBE6、DA-CBE9、DA-CBE10、CBE11、DA-CBE12、DA-CBE13、DA-CBE15、DA-CBE16、DA-CBE17、DA-CBE18、DA-CBE19、DA-CBE21、DA-CBE22、DA-CBE23、DA-CBE26、DA-CBE27,占比为 70%。可以看出:固定资产方面,DA-CBE26 的冗余程度在 50% 以上,根据通威 CBE 系统的资产结构可知,其占比最大的就是固定资产,表明企业为重资产模式,需要维持竞争有的成本较高;营业成本方面,DA-CBE5 和 DA-CBE13 的优化空间最大,均超过了 50%,对应的双汇发展

CBE 和海大集团 DBE 成本都过高，主要是业务规模扩大、原材料价格上升导致；员工人数方面，DA-CBE5 的冗余度高达 50% 以上，双汇 CBE 的员工数量常年在 5 万人以上；DA-CBE27 的冗余度也接近 50%，主要是对应的北大荒集团人员冗余、人力资源配置不合理、精细化管理水平不高；而在协作生态系统方面，DA-CBE26 的冗余程度在 50% 以上，通威 CBE 为了加强其与供应商之间的合作黏性，提升数据交互准确性，提升采购人员操作效率。自 2018 年开始，启动了供应商协同项目，对供应链各业务环节进行梳理；在数字技术应用上绝大部分样本存在大量冗余，5 个非 DEA 有效单元的该投入指标冗余度高于 50%，包含 DA-CBE10、DA-CBE13、DA-CBE15、DA-CBE17、DA-CBE27，说明这些样本仍在数字化转型阶段，在数字技术应用上的投入还没有完全转化为生产效率和质量。另外，总体来看，超效率 SBM-DEA 综合效率值越低的样本投入存在冗余情况越多，该分析结果也在一定程度上解释了具有较高数字技术应用能力和 CBE 思维的样本，但其数字农业协作生态系统的综合绩效评价却较低的发展困境。研究表明现阶段，农业数字化转型面临基础设施、应用服务和数字技能不足等问题（谢康等，2022）。农业不仅在数字技术应用水平上处于较低的位置，数字化速度也相对较慢，其仍存在很大的数字化提升空间（汪旭辉等，2020）。此外，系统中过度的数字技术要素投入，造成资源的大量浪费，数字技术转化为生产力的水平较低，相关配套服务缺乏创新与协同（马威等，2021），价值绩效、环境绩效、社会绩效和技术绩效难以协调发展等现状对数字农业协作生态系统的发展提出了挑战。谢康等（2022）认为农业数字化协作商业生态系统改变了系统中成本、收益和责任的分配，要求相关参与者对成本和收益可能产生的负面影响采取行动，这表明农业数字化转型不应单纯由技术驱动，而是数字化系统性活动。

5.3.3　数字农业协作生态系统绩效的动态测度

DEA-BCC 模型和超效率 SBM 模型均从静态角度对样本 CBE 投入产出效率进行分析，下文运用 DEA-Malmquist 指数模型从动态角度对样本 CBE 投入产出效率进行测度。表 5 - 8 的结果表明，27 个 DA-CBE 的全要素生产率（Tfpch）平均值为 1.026，这说明系统整体的全要素生产率上升了 2.6%。从 Tfpch 分解情况来看，DA-CBE 效率的上升主要是由技术进步指数（Techch）

的上升所导致，而不是系统资源有效利用能力和组织管理水平的改善（Effch）。从技术效率变化指数（Effch）的均值可以看出，其距离技术前沿0.043，而 Techch 的均值为 1.072，技术进步指数近 8 年提升了 7.2%，足以抵消技术效率变化指数降低造成的影响。技术效率变化指数的下降，主要是因为纯技术效率变化指数（Pech）增长较慢导致的，将 Effch 分解为纯技术效率变化指数（Pech）和规模效率变化指数（Sech）可以看出，Pech 均值为0.971 下降了 2.9%，Sech 的均值为 0.986 降低了 1.4%。Pech 值比 Sech 值低 1.5 个百分点，这说明样本 DA-CBE 的规模经济性较高，但技术的使用效率较低。

表 5 - 8　　　　　　2013~2020 年 DA-CBE 绩效评价动态测度

决策单元	技术效率指数（Effch）	技术进步指数（Techch）	纯技术效率指数（Pech）	规模效率指数（Sech）	全要素生产率指数（TFP）
DA-CBE1	1.000	0.995	1.000	1.000	0.995
DA-CBE2	1.000	1.054	1.000	1.000	1.054
DA-CBE3	0.981	1.012	0.994	0.987	0.993
DA-CBE4	0.912	1.065	0.978	0.933	0.972
DA-CBE5	0.988	1.035	0.992	0.996	1.023
DA-CBE6	0.962	1.114	0.980	0.982	1.072
DA-CBE7	1.000	1.024	1.000	1.000	1.024
DA-CBE8	1.000	1.145	1.000	1.000	1.145
DA-CBE9	0.944	1.089	0.962	0.981	1.028
DA-CBE10	0.883	1.078	0.921	0.959	0.952
DA-CBE11	1.001	1.131	1.003	0.999	1.132
DA-CBE12	0.830	1.205	0.884	0.939	1.000
DA-CBE13	0.901	1.102	0.924	0.975	0.993
DA-CBE14	1.002	1.108	1.002	1.000	1.110
DA-CBE15	0.889	1.065	0.889	1.000	0.947
DA-CBE16	0.979	1.104	0.979	1.000	1.081
DA-CBE17	0.940	1.078	0.956	0.983	1.013

决策单元	技术效率指数（Effch）	技术进步指数（Techch）	纯技术效率指数（Pech）	规模效率指数（Sech）	全要素生产率指数（TFP）
DA-CBE18	0.970	1.118	0.975	0.995	1.084
DA-CBE19	0.979	1.001	0.996	0.984	0.980
DA-CBE20	1.000	1.051	1.000	1.000	1.051
DA-CBE21	0.997	1.091	0.997	1.000	1.088
DA-CBE22	0.938	1.063	0.970	0.967	0.997
DA-CBE23	0.987	1.060	0.987	1.000	1.046
DA-CBE24	1.000	0.943	1.000	1.000	0.943
DA-CBE25	1.000	1.084	1.000	1.000	1.084
DA-CBE26	0.816	1.058	0.839	0.973	0.864
DA-CBE27	0.966	1.108	1.003	0.963	1.070
均值	0.957	1.072	0.971	0.986	1.026

通过以上统计结果可知，27 个 DA-CBE 的 Tfpch 上升主要受 Techch 的影响，即技术效率的进步情况，故应该把提升 DA-CBE 的数字技术应用能力和 CBE 效率放在优先考虑的位置。

从 DA-CBE 的具体情况来看，Tfpch≥1 的样本有 17 个占 63%，说明这些样本呈进步式发展。反之，Tfpch <1 的公司有 10 家占 37%，其 DA-CBE 的发展状况有潜在的下降趋势，需从各方面改善数字农业协作生态系统，提高生产效率。另外，在样本中，DA-CBE2、DA-CBE3、DA-CBE4、DA-CBE5、DA-CBE6 等 24 个的技术效率变化是小于或等于 1 而技术进步指数是大于 1 的，说明数字技术在推动效率产出方面发挥了积极的作用，而非技术因素的贡献则表现不够突出。以 DA-CBE3 为例，对应的是丰乐种业 CBE，该单元高度关注数字农业的发展，并将运用于科研、生产、经营的各个环节。因此，这些样本有较好的数字农业技术水平，需要扩大生产规模提高生产效率来提高整个系统的生产水平。其中，DA-CBE2、DA-CBE7、DA-CBE8、DA-CBE20 和 DA-CBE25 的技术效率变化值为 1，而技术进步指数大于 1，说明这 5 个系统的规模效率和纯技术效率不变，技术进步效率推动了其数字农业协作生态

系统的发展。从总体来看，各个样本都需要从技术因素和非技术因素两个方面一起提高，进而推动数字农业协作生态系统的发展。

从表5－9可知，全要素生产率2014年最高为1.200，与基期相比增加了20%，其中Techch的正向作用远远大于Sech和Pech的负向作用。2015年全要素生产率为0.969，下降了3.1%，Sech的正向作用小于Techch和Pech的制约作用。2016年的全要素增长率增长了9.5%，原因在于Techch的上升抵消了Sech和Pech带来的负向影响。2017年与2014年相类似。2018年全要素生产率为0.901，显著下降了9.9%，可以看出2018年全要素生产率最低且技术进步指数起副作用，说明部分DA-CBE加大技术的投入支出但并没有转化为预期收益，并同时增加了总成本，阻碍了系统效率的提高。

表5－9　　　　　　　　　　　　　**DA-CBE 效率值变化率**

年份	技术效率指数（Effch）	技术进步指数（Techch）	纯技术效率指数（Pech）	规模效率指数（Sech）	全要素生产率指数（TFP）
2014	0.958	1.253	0.975	0.983	1.200
2015	0.974	0.995	0.973	1.001	0.969
2016	0.947	1.157	0.957	0.990	1.095
2017	0.996	0.978	0.992	1.004	0.974
2018	0.948	0.950	0.999	0.949	0.901
2019	1.023	1.011	1.016	1.007	1.034
2020	0.858	1.201	0.888	0.966	1.031
均值	0.957	1.072	0.971	0.986	1.026

总体而言，在样本期间，全体样本的技术效率指数均值总体呈先波动上升后下降的趋势，与此同时技术效率水平的下降导致了DA-CBE的综合生产效率发展速度的下降，说明各个样本应该尽快充分认识到数字技术因素应该与非数字技术因素结合的重要性，提升自身的诸如社会因素、文化因素、环境因素等综合方面的水平，实现综合效率的增长。此外，通过以上分析，我们还发现技术进步指数（Techch）是一个重要的指标，将直接有效地影响DA-CBE的全要素生产率。另外，数字农业应用创新的快速发展可能导致数字技术研发出现瓶颈（辛翔飞等，2020），因此既要重视数字技术发

展，增强 CBE 的技术能力，同时更要加大诸如社会、文化和环境等综合因素与技术的融合力度，促进数字农业协作生态系统全要素生产效率的系统性增长。

5.4　评　价　结　论

（1）数字技术对我国农业运营效率具有显著的积极意义。通过三个模型的评价，评价结果均显示数字技术的投入对综合效率的影响呈现出持续的正向价值，同时技术进步效率的影响则更为明显。但是到投入的后期阶段，纯技术效率体现出了较强的"疲性"特征，呈现出对综合效率的贡献趋弱的特点。

（2）数字技术因素和非数字技术因素的融合有待加强。从评价结果来看，综合效率显著弱于技术效率，表明在农业数字化初期阶段，技术效率的发挥较为有效，但是出现的诸如农业产品品质下降、乡村人文受到削弱、因为滥用农药及抗生素等非自然因素导致的环境受到破坏等，都在很大程度上抑制了综合效率的发挥。尤其是数字技术在提升产量同时，并没有注意到市场因素和特色农业的保护性发展，导致可能的价格并不如预期，反而出现"谷贱伤农"现象，产量丰收、收入却下降的现象。因此，数字技术因素与非数字技术因素的融合亟待加强。

（3）社会人文与环保方面的重视不够。从样本数据和评价结果可以发现，各 CBE 单元的环保数据总体表现不好，一些样本单元居然存在连续多年"亮牌"现象，而连续被表扬的单元则屈指可数。而传统的乡村人文则更不容易受到重视，一些具有显著地方农村特色的文化活动，诸如传统的村落文化正在逐渐地消失。正如中国民间文艺家协会主席冯骥才所说：文化是一个民族的精神和灵魂，我们历史文化的根在村落里，随着城镇化推进，十年里，每天约有 90 个价值堪比长城的古村落消失①。

（4）数字农业的建设与发展需要系统性思维。从评价结果来看，数字技

---

① 资料来源：http：www. jiashan. gov. cn/art/2021/3/17/art_1229503322_4583599. html.

术有助于农业生产效率的提升，并在一些领域出现了较好的综合效益。然而整体来看，重视产量忽视产出，重视技术忽视业务；重视局部忽视整体，重视短期忽略长期，重视借鉴学习忽视本土特色，重视经济忽视社会人文等现象还比较突出，并进一步抑制了数字农业协作生态系统的综合绩效的发挥。

| 第6章 |

数字经济提升农业协作生态系统绩效的互融共生模式与实现路径

和谐共赢共生是产业协作生态系统的核心理念，数字经济背景下，整个农业生态系统的协作共生表现得更加明显，形成了由内到外的互融共生机制。从内部层面上看，数字经济促进农业协作生态系统内环境、产业、要素的动态演化，推动形成主体参与下的环境、产业、要素互融共生、协同演化的稳定局面。从外部层面上看，环境、产业、要素的互融共生发展促进了农业协作生态系统内社会人文绩效、环境绩效、技术绩效、经济绩效的提升，并创造绩效间的互融共生格局。数字经济背景下农业协作生态系统内主体、环境、产业、要素的协同发展与绩效提升形成良好补充、互融共生关系，对推动整个农业协作生态系统整体性、长期性、持续性的发展具有重要意义。由此，本章在对数字经济提升农业协作生态系统绩效进行内在机理和评价分析的基础上，构建了数字经济提升农业协作生态系统绩效的互融共生模式，并在该模式的顶层框架下，对数字经济提升农业协作生态系统绩效的实施路径与推进机制进行研究和设计，从而为数字经济背景下提升农业协作生态系统绩效提供了系统性的理论框架和实践指导。

6.1 数字经济提升农业协作生态系统
绩效的互融共生模式

农业协作生态系统是作物系统、技术系统、经济系统与环境系统等多层子系统构成的有机整合体（曹宏鑫等，2020），具有系统性和复杂性，进而对农业协作生态系统绩效的评价也体现出多维性。学者们对农业协作生态系统绩效的评价往往采用多指标综合评价方法，从多个维度展开全面分析，包括农业生态绩效、经济绩效、农业科技水平技术绩效等多层次指标体系。比如，张合林等（2015）采用框架，从经济、社会、生态等三个环境维度综合评价我国农地资源保护协作生态系统的绩效。王丹等（2021）从农业的科技创新支撑要素、创新投入要素和创新绩效评价等方面构建了省域农业科技创新能力的评价指标框架。冯俊华等（2021）以陕西省为例，构建了区域农业产业经济—生态—社会复合系统的农业协作生态系统评价的耦合体系。数字经济是继农业经济、工业经济之后的主要经济形态，是以数据资源为关键要素，以现代信息网络为主要载体，以信息通信技术融合应用、全要素数字化转型为重要推动力，促进公平与效率更加统一的新经济形态。作为一种全新的经济形态，数字经济正通过数字产业化和产业数字化，形成数字化产业和传统产业的数字化转型的"并驾齐驱"发展新格局。在此过程中，数字经济通过对农业产业上中下游的渗透，驱动农业的数字化转型，数字农业、智慧农业成为农业发展新形态，由此带来农业生态系统主体、环境、产业、要素的数字化重构，并促进农业协作生态系统经济绩效、环境绩效、技术绩效、人文绩效的提升，最终形成数字经济与农业协作生态系统的互融共生格局。

在数字经济与农业协作生态系统的互融共生格局下，农业协作生态系统的各子系统（经济、技术、人文、环境）都是围绕各主体来进行的，是主体利用数字技术实现对各系统绩效的提升。对系统评价指标的建立要充分考虑数字经济作为动力通过何种路径对各绩效提升产生影响。本章是基于环境层面、产业层面、要素层面探索数字经济提升农业协作生态系统绩效的实现路径。同时，需要注意的是，各系统不是孤立存在、各自发展的，是主体协同下的各系统间的协同，一方面各系统彼此分工，为其余各系统的健康发展提供独特条件，另一方面，其他系统绩效的提升会对自身绩效产生影响，推动自身绩效的提升。系统内、绩效间相互作用、彼此影响，最终实现整个农业协作生态系统绩效整体性、长期性、持续性的提升。

综上分析可以看出，数字经济通过对农业产业环境与生产要素的重构、主体关系和产业价值链重塑，驱动农业协作生态系统的动态演化并由此提升农业协作生态系统的绩效水平，从而形成数字经济与农业协作生态系统的内生耦合和互融发展，具体体现为两方面：第一，从内部层面上看，数字经济促进农业协作生态系统内主体、环境、产业、要素的动态演化，推动形成主体参与下的环境、产业、要素互融共生、协同演化的稳定局面；第二，从外部层面上看，主体、环境、产业、要素的互融共生发展促进了农业协作生态系统内人文绩效、环境绩效、技术绩效、经济绩效的提升，并创造农业协作生态系统各绩效之间的互融共生格局。上述两个层面形成两层次的互融共生新格局：一是数字经济与农业协作生态系统的互融共生新格局，数字经济通过供需关系作用于农业协作生态系统，在促进农业协作生态系统数字化重塑以及农业产业数字化发展的基础上，实现数字经济对农业的高度渗透从而实现产业数字化，提升农业产业的数字经济占比；二是基于数字经济下的农业协作生态系统内部各要素的互融共生新格局，即数字经济背景下农业协作生态系统内主体、环境、产业、要素的协同发展与绩效提升形成良好补充、互融共生关系，同时农业协作生态系统内人文绩效、环境绩效、技术绩效、经济绩效之间也形成相互支持、相互促进的互融共生发展。由此，本书从整体与系统的视角，构建了数字经济与农业协作生态系统"互融共生"双层次分析框架模型，如图6-1所示。

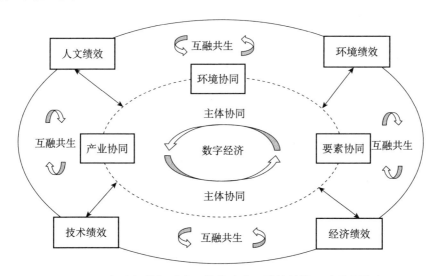

图6-1　数字经济提升农业协作生态系统绩效的互融共生模式

因此，本书提出的数字经济与农业协作生态系统"互融共生"双层次分析框架模型，充分体现了"和谐共赢共生"的产业协作生态系统核心理念（武翠和谭清美，2020），形成了由内到外的"数字经济—农业协作生态系统—农业协作生态系统绩效"互融共生体系和价值传导机制，具体包括数字经济与农业协作生态系统"主体—环境—产业—要素"的互融共生协同发展、数字经济促进农业协作生态"经济—环境—人文—技术"绩效体系提升的互融共生协同发展、农业协作生态系统"主体—环境—产业—要素"之间以及农业协作生态"经济—环境—人文—技术"绩效之间的互融共生协同发展，最终实现数字经济驱动的农业数字化转型与农业产业高质量发展新模式、新格局和新路径。

6.2 数字经济提升农业协作生态系统绩效的实现路径分析

基于数字经济提升农业协作生态系统绩效的互融共生模式，数字经济提升农业协作生态系统绩效的实现路径主要体现为系统内部层面和系统外部层面。其中，系统内部层面体现为数字经济推动形成环境、产业、要素协同进化的演化稳定局面，又具体包括环境层面、产业层面和要素层面。在环境层面，体现为通过培育良好的政策环境、市场环境、人文环境，为数字经济推动农业协作生态系统持续健康发展营造良好氛围；在产业层面，体现为聚焦数字经济背景下农业产业价值链与价值网的重构升级，探索数字经济助力下的农业协作生态系统的产业发展；在要素层面，体现为资源要素的融合渗透、优化配置，带动农业协作生态系统的持续健康发展。在系统外部层面，体现为环境、主体、产业的融合发展提升了经济绩效、技术绩效、社会人文绩效、环境绩效，并推动绩效间的互融共生。

6.2.1 环境层面：营造良好的政策、市场、人文环境

在环境层面，数字经济提升农业协作生态系统绩效主要是通过培育良好的政策环境、市场环境、人文环境，为数字经济推动农业协作生态系统持续健康发展营造良好氛围，具体分析如下。

1. 通过营造良好政策环境，加强政策引导，逐步完善顶层设计、产业发展、要素支撑的战略布局

第一，在顶层设计方面。党的十九届五中全会提出解决"三农"问题是

全党工作的重中之重，坚持走中国特色社会主义乡村振兴道路，实施乡村振兴战略，加快农业农村现代化。党的十九大提出要实施乡村振兴战略，2018年《乡村振兴战略规划（2018—2022 年）》提出围绕乡村振兴，贯彻产业兴旺、生态宜居、乡风文明、治理有效、生活富裕的总要求。党中央、国务院、农业农村部都相继出台乡村产业振兴政策来推动乡村振兴战略的实施，2019年国务院印发的《关于促进乡村产业振兴的指导意见》、2020 年农业农村部印发的《全国乡村产业发展规划（2020—2025 年）》、2021 年中央一号文件都提出构建乡村产业振兴推动乡村振兴；《数字农业农村发展规划（2019—2025 年）》提出以数字化引领农业农村现代化，从而有力支撑乡村全面振兴；2021 年《中共中央 国务院关于全面推进乡村振兴加快农业农村现代化的意见》指出要全面推进乡村振兴、集社会之力加快农业农村现代化。

第二，在产业发展方面。《乡村振兴战略规划（2018—2022 年）》指出坚持农业供给侧结构性改革，推动现代农业产业体系、生产体系、经营体系的构建，推进乡村产业振兴；农业农村部和中央网络安全和信息化委员会办公室印发的《数字农业农村发展规划（2019—2025 年）》提出要以发展产业数字化、数字产业化为主线，加强数字生产能力以及农业农村生产经营、管理服务的数字化水平，以数字化引领推动农业农村现代化，推动实现乡村全面振兴。

第三，在要素支撑方面，通过一系列措施加快对土地、资金、人才等支撑要素的完善。2021 年中共中央、国务院印发的《关于全面推进乡村振兴加快农业农村现代化的意见》指出强化对乡村产业发展、建设用地的优先保障；同年，自然资源部、发改委、农业农村部联合印发《关于保障和规范农村一二三产业融合发展用地的通知》，实现对农村产业融合发展用地的保障。同时，2021 年中国银保监会办公厅发布的《关于做好 2021 年银行业保险业高质量服务乡村振兴的通知》中明确提出各银行业金融机构要加强对"三农"重点领域中长期的信贷支持，鼓励开设内设机构服务乡村振兴。除此之外，农业农村部指出要加强农业农村人才队伍的建设，聚焦培养农村实用人才和大学生村官，补充农村基层组织负责人、新型农业经营服务主体负责人队伍。人力资源社会保障部、农业农村部出台《关于深化农业技术人员职称制度改革的指导意见》，实现对人员评价的标准进行不断完善，对人员评价的机制进行不断创新，带动专业人才投身农业领域。

2. 培育良好市场环境，提升农业协作生态系统的市场效率

首先，把建设现代商贸流通体系和推进农业农村现代化有机结合，坚持数字化、智能化发展路线，统筹国内国际两个市场，推动现代农村市场体系、农产品流通体系建设。同时，由于城乡间长期存在的发展不平衡问题，市场要素难以实现在城乡间自由流动，以数字经济带动乡村振兴，形成以城带乡、城乡互补、协调发展的新型城乡关系，促进城乡间要素流动，同时，加快推进城乡一体化改变城乡二元结构，以更好地发挥市场对资源配置的决定作用。其次，随着我国消费结构不断升级、个性化需求不断增加，迫切要求加快提升农产品质量，通过完善产业结构、创新产业业态以带动价值链提升。最后，在坚持政府政策导向的前提下，坚持市场驱动，带动金融和社会资本参与数字乡村战略的实施。

3. 形成良好市场环境，提升农业协作生态系统的人文效益

首先，在乡村基础设施方面，我国不断完善乡村信息基础设施建设，加快普及农村宽带、移动互联网等，同时，不断加快对乡村基础设施的数字化、智慧化转型。其次，加快对智慧绿色乡村的建设，通过将数字技术融入乡村的生产生活，发展绿色的生产方式、生活方式，同时，将信息化融入乡村生态保护，提升美力乡村建设水平。再次，加快发展乡村网络文化，利用互联网带动中国特色社会主义文化和社会主义思想在农村的传播和发展，带动农村优质文娱活动发展，推动乡村网络文化振兴。与此同时，利用互联网提升乡村治理能力现代化，推动农村党务、村务网上公开，为乡村营造良好的党政建设氛围。最后，不断深化乡村信息惠民服务，加快推进乡村在教育、民生上的信息化服务水平。此外，借助媒体推广先进农业发展模式、总结典型案例和表彰先进人物，培育创新品质、激发创业热情，建立良好的发展氛围。

6.2.2 产业层面：推动农业产业价值链与价值网的重构升级

在产业层面，数字经济提升农业协作生态系统绩效主要是聚焦数字经济背景下农业产业价值链与价值网的重构升级，探索数字经济助力下的农业协作生态系统的产业发展，具体分析如下。

1. 基于价值链视角，利用数字技术优化和推进农业产业链的整合与延伸

第一，数字经济加快向农业领域渗透，有效弥补产业链弱势、推动产业融合与业态融合，推动实现产业链的纵向整合。从产业链层面，数字技术融入产业链条，弥补传统产业链存在的不足，实现对农业产业链从研发、生产、加工、流通到营销环节的数字化转型，提升整个产业链条对信息、数据、资金、人才等产业要素的配置与利用效率，带动整个产业链上下游的系统协调，最终实现整个链条的信息化、标准化、品牌化优化升级。从产业与业态融合层面，数字技术发展模糊了产业边界的技术融合与分工，实现农业产业要素跨界配置。一方面，农业与二、三产业融合，有助于发挥二、三产业对农业的带动作用，推动形成融合农业与信息技术的智慧农业和数字农业、融合农业与高新技术产业的生态型农业、融合农业与旅游业的观光型农业、融合农业与工业的工厂化农业、产业内部融合的综合型农业等。另一方面，通过数字化手段实现对农业产业新业态的开发，实现休闲旅游农业、乡村新型服务业等新业态的融合发展，进一步促进农业产业链的延伸和价值链的提升。

第二，数字经济改变了传统产业链上下游间的弱协作关系，形成产业链上参与主体在各环节的强协作关系，推动农业产业化不断升级。新型农业经营主体、乡村新型服务业主体以及链条上各类利益相关主体利用数字技术对产业链进行优化，实现对整个产业链各环节的系统协调。首先，以农业龙头企业带动、农业经营主体跟随的农业产业化经营模式推动产业链的纵向一体化。其中，农业龙头企业依托先进的管理经验和数字化技术、较高的营销能力实现对产业链上资源的整合，与产业链上的主体展开深度合作，实现产业链上不同主体间的优势互补；家庭农场、农业合作社、农业企业等新型农业经营主体一方面利用"农业遥感""3S 技术""物联网"等进行农业生产托管，实现对农业的科学化、标准化的生产、经营、管理，同时，也实现了小农户与现代农业的有效衔接。农业产业化经营模式密切了产业链上各主体间的联合关系，有助于强化优势主体的带动作用，推动优势互补、风险共担、利益共享，为实现农业产业链的整合与升级发挥积极作用。其次，随着数字经济不断深入农业产业链，产业链条上其他利益相关主体也积极开展农业数字化探索，形成连接农户与消费者，数字化农业种养企业、农业科技企业、农业生产经营企业、农业生产流通企业、农业配套服务商等多方主体的协同

联动，为实现产业链的整合与拓展增添动力。在数字经济背景下，将形成以龙头企业、新型农业经营主体为核心，通过互联网信息技术对农业经营主体的全方位对接、全产业链协同发展的新态势。

2. 基于价值网视角，推动数字化农业产业通过动态聚集实现集聚化发展

从价值网视角，构建龙头企业带领的一体化、集群化的产业链，推动数字化农业产业通过动态聚集实现集聚化发展，打造聚集要素、聚集主体的价值网络，通过协同相关产业主体，推动形成政策集成、要素集成、企业集中的产业集群，带动资源聚集区对农业产业强镇、现代农业产业园、农产品加工园、"一村一品"示范镇等的培育，对带动农业产业融合发展、实现乡村全面振兴具有重要意义。

第一，推动产业集聚化发展。现代农业产业集群是农业经营体系网络化的体现（姜长云，2014），网状化结构为有效实现产业要素流动与集成提供多元化的渠道，将带动整个产业价值链的升级。同时，产业集群是产业由单一链式向多维链式发展的表现形式，是具有农业资源优势、农业技术优势的企业带领农户、服务机构、中介组织等组织实现在地域或空间上高度集聚，在关系上高度分工。政府政策支持、龙头企业引领、科技企业助力、市场需求导向的联合驱动有助于发挥"集聚"的乘数效应，对推动农业实现专业化生产、产业化经营以及完善区域基础设施、提升技术创新能力具有重要意义。

第二，建设现代农业产业园，实现带动企业集聚，推动利益联结、共享机制的构建。

第三，建设农业产业强镇，聚焦区域内的主导产业，实现将资本、人才、技术向镇域汇集，推动产业强镇利益紧密联结。

第四，加快农产品向加工园区集中，推动农产品加工企业实现集聚发展。农产品加工园实现将政策、要素、企业、功能汇集一体，通过不断强化科研、融资担保等服务以及改善仓储物流等配套设施，推动实现产销融合、产业融合。

6.2.3 要素层面：强化农业产业链资源要素的融合渗透、优化配置

在数字经济背景下，资源要素表现出跨地域、跨产业的新特点，同时，

要素在农业协作生态系统内的整合效率不断提升、流动渠道不断丰富，将有助于推动农业协作生态系统内主体间融合发展、协同创新。首先，以数字化的知识和信息为生产要素，以现代信息网络为载体，以数字技术有效使用实现效率提升是数字经济的重要表现，其本质是信息化（孙德林等，2004），具有在时间、地域层面低限制性和产业层面高渗透性的特点，同时，生态系统是资源的集合体，并通过将资源聚集形成巨大的资源网络。由此可预见，数字经济对生态系统的影响是以实现数字经济快速推动生态系统内资源的优化合理配置为演化结果的。具体表现为：一是农业龙头企业引领产业链实现资源的整合与优化配置。农业龙头企业作为产业链条上的重要参与主体，其作为农业生产者能有效对接农业资源，同时，作为企业而言，龙头企业具备现代企业的先进的经营理念与数字技术，同时，龙头企业作为产业链的"链主"，可有效实现带动产业链上下游企业、协同各方资源。龙头企业的多重特征使其在实现带动产业、城乡、传统与现代文明要素的融合过程中具有鲜明优势。二是"网状化"形态有助于在空间范围内实现带动和汇集更多资源（要素）、主体，从而推动农业产业的集聚化发展。

6.2.4　外部层面：环境、主体、产业融合发展推动绩效间互融共生

农业协作生态系统的外部层面，包含了环境、主体、产业等要素，这些要素的融合发展提升了经济绩效、技术绩效、社会人文绩效、环境绩效，并推动绩效间的互融共生，主要表现为：通过降低运营成本、防控系统风险、提高市场效率、提升农作物品质、提升农业协作生态系统经济绩效；通过技术积累高度、扩散广度、演化进度、融通深度的演变提升农业协作生态系统的技术绩效；通过传承农耕文化、发扬传统习俗、导入现代文明、中外文化交融提升农业协作生态系统的社会人文绩效；通过净化生态水质、改善农业土质、丰富生物种类、密集自然植被提升农业协作生态系统的环境绩效。具体实现路径分析如下。

1. 数字经济提升农业协作生态系统经济绩效的路径分析

数字经济提升农业协作生态系统经济绩效，其核心是通过数字经济的应用，实现降本增效并由此提升其经济绩效，具体路径包括以下几个。

第一，基于数字经济要素和数字技术提升农业协作生态系统的效率和效益，主要体现为：首先，数字化农业变革了传统农业生产工具和生产方式，创造自动化的生产设备和规模化、标准化、集约化的生产作业方式，既提升了农业生产的效率又缩减了农业生产的人力和生产资料成本，有效应对日益上涨的农业土地、劳动力要素价格等问题。例如，利用无人机对大型的农田进行播种、农药喷洒；利用水肥一体机进行精准施肥；利用无人驾驶的农机设备，实现自动化耕种、采收；利用农业机器人开展自动化的高效作业。其次，农业科技企业和新型农业经营主体创新数字化的高效生产、经营管理模式，实现经营形式的产业化，利用大数据精准对接消费者需求，推动农业产业结构市场化，实现对全产业链成本的有效控制；同时，依托大数据、云计算、人工智能等数字化技术，打通产业链上下游汇集各方资源优势，形成从要素投入到流通营销的一体化产业生态系统，提升链条的整体经营效率并降低损耗。再次，数字经济推动营销渠道的多元化。农产品电商平台拓宽了农产品销售的途径，解决了传统集贸市场直接交易面临的交易成本高、交易范围受限的问题，通过创造更加扁平化的组织结构，减少网络端点主体间的沟通障碍，有效降低了交易成本。最后，数字经济创新营销模式。当前，农商直供、直播营销、会员制、个人定制等创新营销模式变革了以往的产销模式，实现产销匹配度增强，甚至可以带来零库存的成本管理。除此之外，产业集聚化发展能通过企业间的优势互补降低区域内产业发展的成本，同时，基于信任关系形成的利益联结机制可有效降低交易成本。

第二，防控农业协作生态系统的风险。首先，通过协同各方数字资源和数字化能力，建立数字化的综合服务平台。农业信息监测平台的建立，帮助农业经营主体及时识别自然灾害、耕地质量、动植物疫情、市场波动等，降低农业生产经营风险。其次，农产品电商平台为农户进入农业的流通与销售环节提供了渠道，农户可以直接触达消费者，扩大了交易范围，同时，大数据分析可以实现对消费者需求的精准定位，按需生产，减少生产的盲目性，有效降低市场风险（成德宁等，2017）。再次，对于家禽饲养农民来说，由于饲养周期长，面临市场价格波动较大的风险，可通过大数据技术、云计算等技术对家禽生长、健康状况以及市场行情进行实时监测，减少盲目生产行为，降低风险水平。最后，农村互联网金融服务平台对收集来的社交网络、电商平台的碎片化数据进行大数据分析，实现对农户、涉农企业进行信用风险评估，既有利于满足用户的贷款需求，又有助于降低农户的信用风险。除此之外，区块链技术应用于供应链金融，基于区块链可追溯、不可篡改的特点，不但能实现降低整个产业融资成本，解决中小农业企业融资难问题，降低中小企业融资的信用风险，而且有助于监管部门强化对供应链金融的风险监控，防范金融风险。

第三，提升农作物品质。首先，数字化技术提升农业良种水平，保证农作物源头品质。智慧育种通过信息技术对作物基因、环境进行大数据采集，并依托生物技术、相关设备实现多交叉育种。对此，加强多方协同联动，形成资源汇集、开放共享的农业智慧育种平台体系以满足巨大的智慧育种需求具有重要意义。其次，高效、集约化的农业生产经营模式可有效实现对农业生产经营过程的标准化、绿色化、规模化统一管理，在确保农产品各环节质量的同时也能更好地塑造农产品品牌。最后，区块链等数字化技术的应用以及产品质量安全追溯管理信息平台的建立，确保农作物栽培与管理的每一环节、每一步骤实现可追溯，保证农产品的安全性与高品质，以满足消费者日益增长的对农产品的高品质需求。

第四，提升市场响应水平。首先，网络和信息技术加强了消费者和农户间的联系，市场交易更加频繁。借助互联网平台和移动设备，供需双方可实现线上实时双向互动，打破了传统线下交易存在的信息不对称，实现供需匹配，也能更好地满足市场上消费者的多样化需求。其次，利用订单农业等新型农业生产经营模式安排生产，有效响应市场需求，避免盲目生产。再次，数字经济背景下，提升市场的活跃程度通过资金流、信息流、物流的速度来反映（张晓，2018）。农业大数据加快了信息数据在产业链条上流动、共享的速度，影响资金等要素在链条上流通的速度；此外，通过RPA（使用具有人工智能及机器学习的软件处理重复性的任务）应对物流中手动输入数据的工作，以提高决策效率；使用物联网监测道路情况并进行道路规划；通过GPS定位系统跟踪物流，确保各流通环节协调顺畅，以提升运输效率。

2. 数字经济提升农业协作生态系统技术绩效的路径分析

第一，技术积累角度。技术累积效应由美国最先提出并应用于生态环境领域，是指某一活动与其他活动结合时对环境累加的影响。随着量的积累会对技术自身以及其他因素产生影响的即为技术累积效应，表现为发展的体系化、技术结构的复杂化、基础变化的加速化（盛国荣等，2005）以及产业集群化的推进等。首先，技术结构更加复杂。数字农业、智慧农业表现为各种信息技术和设备在农业领域的应用。数字农业通过利用现代信息技术实现对农业生产、环境的信息化管理，遥感技术、通信和网络技术、自动化技术等可以对产中的作物、土壤等进行实时监控，以获取相应的农作物生长状况、生长环境数据。汇集互联网、大数据、云计算、物联网、3S等技术的农业领域更高级阶段的智慧农业，集智能化感知、预警、决策、分析为一体，形成更集中的数据要素、更广泛的互联互通。同时，联合收割机、无人机等技术经济效能优良的农业机器广泛应用于农业生产，推动现代机器体系的形成。其次，技术势能不断扩展。技术会由势能高的地方向低的地方扩展，逐渐由发明向应用扩展。在我国，相对工业、服务业，数字经济在农业领域的渗透率较低，加快数字经济与农业的融合是大势所趋。同时，强化科研院所、科技企业与农业企业、农户间的协同创新和资源共享，提升科研成果向技术应用、效益提升的转化效率，使技术扩展真正演化为提升协作系统绩效的生产力。再次，技术更新速度不断加快。主要体现在农业科技企业数量的快速增加、数字化产品和技术的演变和更新速度不断加快。最后，知识型人才的重要性越发凸显。农业数字化转型对知识型人才的需求更加强烈，建立知识型人才的培养、保护、激励机制，对强化人才在技术积累中的作用具有意义。除此之外，还包括产业集聚效应发挥。产业集聚化发展将带动区域内生产分工与协作，实现企业、机构、人才、要素等的大量聚集，区域内信息数据、知识技术等的分享与积累程度不断提升，同时，集群内不断细化的分工为新生企业和从业人员提供更多机遇，从而进一步增强集群实力，扩大集聚效应。

第二，技术扩散角度。从微观层面来看，对技术扩散的研究主要集中于企业集群和网络视角。高新技术企业集群内部的技术扩散常表现为网络式，距离因素会影响高新技术企业出现空间聚集现象。对于影响技术扩散的因素，可总结为集中的程度、传递的深度及广度、社会网络的重要性程度三个方面。首先，农业产业集群作为现代农业的重要标志之一，是集农户、企业、服务机构等组织为一体的有机整体。在这个有机体中，各主体在地域上彼此相邻，在优势上彼此互补，是以国内、国际的市场需求为导向的一个富有生命力的生态系统。产业集聚效应加强了主体间产业要素的流动与共享，凭借互补优势和创新协同实现报酬递增，最终对促进产业集群化具有正向的推动效果。同时，由于技术知识属于显性知识，其溢出成本与距离成正比，企业的集群化有利于通过较低的溢出成本推动技术扩散。其次，现代信息网络和通信技术的发展拓展了信息传递的媒介，提升了信息传递的广度；同时，农业与二、三产业的不断融合，技术势差的存在也将为技术扩散创造更有利的条件。最后，对于某一地理区域，越稳定、可靠的社会网络越有助于科技人员之间的沟通交流，进而促进技术知识的扩散和溢出。在数字经济背景下，数字技术和数字基础设施对产业链各环节的渗透，实现整个产业链条的优化；同时，农业科技企业、服务机构、社会资本等多元主体协同打造数字化信息平台，实现数据信息等资源的跨界整合，为不同链条上的主体提供跨界服务。数字经济背景下主体与产业的协同，实现了对农业产业的单一链条和复合链条价值的提升，进而推动整个产业价值网络的优化升级。

第三，技术演进角度。相较于第三次工业革命（计算机革命、数字革命），第四次工业革命带来更加精深、一体化程度更高的数字技术。数字经济时代，数字农业创新了传统农业的"土地＋机械"模式，将信息知识作为生产要素融入农业领域，升级了产业结构、优化了产业组织、革新了产业创新方式，塑造了"信息＋知识＋智能设备"的新模式。对于技术的演进，从技术本身、发展条件、效益效果三个层面加以体现。首先，在技术层面，数字经济加速向农业领域渗透，催生了更多实现农业生产、经营、流通的高效化、智能化、个性化的技术和设备，技术更新迭代速度不断加快。数字经济背景下，技术在农业领域的应用，具体体现为：大数据决策将更广泛地应用于品种选择和耕种选址；通过基因编辑技术改善种子、禽类的品种，从源头保障产品品质；利用无人驾驶、无人机等对大田进行播种、农药喷洒；传感器与互联网的连接，实现对农作物生长全过程、家禽状况进行数字化的信息监测感知，并实现随时随地的数据传输；利用人工智能技术实现对农产品加工过程的全程监督；智慧城市通过数据分析实现对物流运输的管控，并设计出智能停车方案，实现对农产品流通速度和质量提升；利用区块链技术对农产品从育种到销售的全过程追踪，实现全过程的"透明化"。其次，在条件层面，一方面，以农业合作社、龙头科技企业推动的农业产业化经营模式为技术演进创造了组织条件，通过构建集中高效的生产经营模式和综合服务平台，更好地促进产业链上下游资源的共享，实现对产业资源更高效的配置，同时，通过技术优势实现对互联网信息技术的持续改进，通过技术演进保证产业链上资金流、信息流、物流的顺畅高效流动。另一方面，产业集群化发展加速技术演进。在生物群落的发展阶段，随着优势种群数量的增加，其他关联生物数量也会随之增长。因此，在农业协作生态系统中，数字农业科技企业作为优势种群，随着其在某一区域内数量的不断增加，极易实现产业集群化发展，集群内和集群间通过知识共享进行优势互补，推动技术演进的不断深化。最后，在效益层面，体现为对劳动力解放、生态环境改善等目标的实现。自动化技术的应用将会使那些机械重复性的体力工作逐渐被取代，以提升生产效率。同时，利用自动化机械进行规模化耕种，减少农业资源浪费；研发以再生利用为目的的智能新材料发展循环经济，实现农业资源重复利用。

第四，技术融通角度。首先，从主体视角来看，技术融通的实现在于不同主体间资源、优势的异质性，并通过有效融合不同的资源要素、有效整合主体间协作的意愿，实现以满足需求为目标的主体间的协同。其次，从产业链视角来看，由于产业链不同环节对资源、要素的需求存在差异，技术融通强调在各环节实现主体和要素间的有效耦合。再次，从产业集群视角来看，各类主体通过功能的耦合共同实现对自身管理能力、技术水平等的提升，在促进要素在创新网络中的充分流动的同时，又能通过协同进化推动整个协作生态系统的持续健康发展。最后，从技术跨度来看，不同技术与学科间的协同程度加深。数字农业将遥感、计算机技术、网络技术等与农学、生态学、土壤学等学科的有机结合，形成技术跨数字、生物等领域的互动，最终实现对农业资源的高效利用，进而达到降低成本、改善环境、提升品质的目的。例如，通过基因编辑技术对动植物基因进行改进，培育出能耐受极端天气的特殊品种。

3. 数字经济提升农业协作生态系统社会人文绩效的路径分析

第一，传承农耕文化。农耕文化是在长期生产活动中形成的，集中反映了我国传统农业思想、生产技术以及耕作制度等，是中华文化的重要组成部分。数字经济背景下，随着数字信息技术在农业领域的不断渗透，对传承和弘扬农耕文化、培育新型农民、实现农业现代化有重要意义。首先，顺应自然的农耕理念传承。在中国古代，强调按照生长周期、自然节律安排作物生产，将天气、节气、季节等同农事活动联系，"顺天应时""不违农时"等都是生产因时制宜的体现；同时，农耕文化中存在"相地之宜"的说法，意思是种庄稼要因地制宜；此外，"以和为贵""以礼为重"等都是中华民族崇尚和谐、顺应自然规律、恪守规范秩序的体现。因时制宜、因地制宜组织农业生产，恪守生产规则等都是中国劳动人民尊重自然、保护自然，构建人与自然和谐共生生态环境的表现。在数字经济背景下，农业生产环节依旧秉持着顺应自然规律作业的传统。例如，利用大数据对农用土地资源进行数据分析，为农产品品种及耕种位置选择提供精准依据；通过科学施肥、病虫害综合防治、盐碱地改良技术等对耕地的轮作休耕，实现用养结合，推动可持续发展；现代农业通过温室栽培、薄膜栽培等人为满足农作物对农时的需求。其次，农耕文化和谐、可持续理念的发扬。在传统农耕文明中，会采取把两种及以上的生物种群进行合理组合以实现生物防治，当前在病虫害防治问题上，会优先选择物理防治、生物防治来实现对农药残留的控制，对农业生态环境保护具有重要意义；"桑基鱼塘"建立再生的循环体系，实现资源的循环利用，当前通过建立资源再生循环体系对资源进行循环利用，体现可持续发展理念。最后，农业生产作业的持续改进。我国农业生产技术、生产力、生产关系随着外部环境的演化实现持续改进，带动我国农业生产方式逐渐由粗放型生产向精耕细作转变；同时，生产技术的运用改进了生产工具，提升了农业生产效率。信息数据成为数字经济发展的关键要素，信息化作为数字经济最本质的特征，在对信息生产技术升级和推动传统产业发展上表现出巨大价值，传统产业借助数字化技术实现业务融合以及产品创新，以数字技术为核心带动产业融合变得越来越普遍。数字技术的应用带动数字农业、智慧农业、精准农业等发展；农机设备可实现智慧感应以及自动化作业；生产更加规模化、集约化和标准化，产业链条生产主体间密切协作、有序分工，实现资源共享、利益共分的协同创新关系。

第二，农耕文化遗产的保护。利用数字化技术保护居民建筑、传统村落等有形文化遗存，生态湿地、古木名树、珍稀物种等生态资源，种桑养蚕、耕种畜牧等生产方式，乡村民俗风情、民间戏剧、手工技艺等乡村文化等。首先，将 VR、AR 技术用于博物馆及文化遗址的展示传播，建立历史名镇名村和传统村落的"数字文物资源库""数字博物馆"以及农业文化遗产网络展览，实现对农耕文化宣传的媒介的拓展和对农耕文化的保护和传承。其次，利用文字录像、数字化媒体记录农耕文化遗产，并利用大数据、互联网等信息化技术对农耕文化保护名录进行实时管理，深刻把握农耕文化资源的动态变化。特别地，数字化系统可实现将传统建筑年代、尺寸进行记录并进行科学归类存档以方便日后快速查阅，虚拟三维空间可实现对建筑进行复原；3DSMAX 等技术测量文物数据，复原纹饰，制作纺制品，实现对文物的数字化保存及保护。再次，利用数字媒体技术对手工技艺进行展示。例如，使用二维动画把静态实物转变为动态演示；建立人机互动的数字博物馆，使观看者主动参与手工品的虚拟制作。此外，建立数字资源库，系统整合、储存分散的数据信息；利用计算机、仿真、人工智能等虚拟现实技术可实现对濒危的手工艺的数字化保护。最后，还可以营造农耕文化保护氛围。拓宽网络媒体等媒介传播农耕文化保护理念；把农耕活动与休闲农业、乡土文化等有机结合，推动乡村旅游业转型升级以及线上云游、共享农庄等新业态的发展的同时带动对传统农耕文化的传承及保护。

第三，发扬传统习俗。将数字化元素融入饮食、服饰、居住、文化节日、历史文化等民俗文化挖掘，推动民俗文化的传承和发扬。首先，随着历史演变，我国饮食文化具有风味多样、区别四季、细致讲究的特点，将数字技术和现代设备、工业的标准化理念融入现代农产品生产、加工、流通、品牌等各个环节，推动生产环节与市场的对接，更好地发扬传统饮食文化。通过集成清洁生产、自动筛选、超临界萃取等技术对产品进行深加工，利用提取、分离、制备技术对加工的副产物进行循环利用；借助大数据智慧控温系统、冷链技术保证流通环节农产品品质；利用区块链技术实现加工各环节过程可视化以确保产品品质，满足消费者的品质需求以提升品牌价值。其次，利用虚拟现实技术、计算机交互式综合技术等创新对传统服饰的数字化保护，发扬和传承传统服饰民俗。通过 3D 动画展示不同民族、穿着场景的服饰文化，尤其是对婚俗服饰展示，让人们更加深刻感受不同地域、民族婚嫁时的风俗人情；通过全景漫游展示、佩戴体感设备让参观者身临其境体验不同地域、民族的生活劳作、传统节日的场景；数字展厅可实现视觉触达与互动体验相结合，对大型活动、传统节日中服饰民俗的展示尤其适用。最后，将农业生产、自然风光、当地民俗文化融合，建设以民俗风情体验为主题的休闲旅游区，发掘多样化的民俗活动，创新多元化的民俗体验、村落风光体验等业态，开发传统民俗特色产品等。

第四，现代文明导入。首先，将现代工业标准化理念与服务业的人本理念融入农业产业，推动农业标准化、集约化、规模化生产。同时，通过拓展产业形态丰富业态类型，推动产业融合与价值链提升。其次，企业借助媒体工具将先进的经营理念、企业文化、价值观等融入农业生产经营等环节，对于培育企业品牌、塑造品牌形象发挥重要作用。再次，发展休闲农业，推动农耕文化、旅游发展、趣味竞技等有机结合，实现农耕文明与现代文明的交融。最后，中外文化交融。兼收并蓄、融合发展是中国文化的重要传统，随着西方科学文化不断涌入，中国文化博采众长，加强与西方文明融合发展，具体表现在理论发展与技术应用方面。在技术层面，中西加速融合，利用现代农业技术改良传统技术。尤其是农业环保技术、现代农业生物技术等都体现西方在对农业生产发展和生态环境保护方面的平衡。对此，我国应结合实际情况，加强农业领域科研投入，推动农业产业、生态的可持续发展。在制度层面，国外对非物质文化遗产保护、知识产权等立法出台较早，政府为农业科技创新成果提供补贴以及社会各群体广泛参与为农业农村发展提供资金来源等。为此，加强出台相关立法、协同各方力量共同参与推动数字技术创新、保护传统农耕文化显得尤为重要。在精神层面，随着西方自由、开放、创新等价值观念逐渐渗透，影响着我国农业技术与制度革新，以及中国传统农业根深蒂固的封建思想观念，助力中国农业逐步走向现代化。

4. 数字经济提升农业协作生态系统环境绩效的路径分析

可持续性是数字经济的特征表现之一，强调通过杜绝对资源能源的过度消耗，减轻环境污染和生态恶化的危害，推动整个社会的良性健康发展。数字经济的发展推动我国从高产出、高投入、高耗能、高污染的传统模式逐渐向节能、高效、低碳模式转变，将有效推动产业结构优化升级以及生产、生活与生态的融合协调发展，深刻把握"绿水青山就是金山银山"的发展理念，为实现绿色城镇化和乡村振兴、良好农业生态的形成创造条件。

第一，生态水质净化。首先，基于云计算的集约化水产养殖智能控制平台能够有效整合水产养殖信息，并利用智能控制、质量安全追溯等技术保障水质安全；提高农村物联网农业领域的覆盖水平，对土地利用、发展情况进行实时监测，带动节水农业、旱作农业发展。

第二，农业土质改善。"智慧农业"将计算机网络技术、物联网、3S技术、无线通信技术、卫星定位系统技术同智能感知、智能分析、专家智慧有机结合，实现对土壤定量施肥而避免土壤板结，家禽粪便处理后排放实现土壤增肥；利用遥感卫星、无人机、地面基站全天候监测分析系统和大数据信息处理系统进行空、天、地的一体化监测，整体把握农业土地利用情况并对农田土壤实施监测与保护；推广农作物病虫害绿色防控产品和技术，实现化肥农药减量增效。研发可降解农膜、资源化利用秸秆、粪污等减少土壤污染和改善土质；对耕地进行轮作休耕，对种植结构进行调整，以实现减轻土地开发利用强度、改善土壤生态、提升耕地质量。

第三，生物种类丰富。首先，研制能识别身份、感知体征、传输信息的智能设备，并结合移动互联网等技术实现与智能信息管理平台的对接，对野生动物、濒危动物的行动及体征进行全天候实时监控，实现对野生、濒危动物的保护及促进种群壮大；建立基于卫星追踪、传感器感知、地面巡查等相结合的陆地野生动物病源监测系统，提升对陆地野生动物病源的监测预警水平，通过监测实现对野生动物的习性、行动路线等的精确监控，进而为采取野生动物管理保护的行动提供依据。

第四，自然植被茂密。通过应用卫星遥感、红外线感应、导航定位等技术，对林业资源进行高效率、高精度的监测，实现对破坏林业资源、进出口木材的有效监测控制；利用传感器对二氧化碳、植被矿物质、空气质量等进行检测，利用遥感、GIS等技术对林业生态效益及森林等系统的生态服务功能进行评估，从而为林业资源保护提供依据；利用无线传感等技术有效实现对森林防火、植被病虫害防治、自然灾害监测预警等的数据采集、分析及决策，减少灾害对植被的破坏；利用大数据技术分析林业资源的动态变化，并结合虚拟仿真技术对变化趋势进行模拟，为林业资源的管理及决策提供支持；运用卫星定位、移动化联网等技术对植被种质资源进行保护，从源头保护林业植被，尤其要加强对濒危、稀有植被的保护，以确保植被密度丰富。

6.3　数字经济提升农业协作生态系统绩效的推进机制构建

为了更好地形成数字经济提升农业协作生态系统绩效的共生模式和实现路径，还需要围绕数字技术重构、环境协同、价值共享等方面，来构建数字经济提升农业协作生态系统绩效的推进机制。

6.3.1　数字技术重构机制

《数字乡村发展战略纲要》指出，农业农村经济社会发展的数字化、信息化、网络化以及农民信息技能的不断提升是农业农村现代化发展的重要环节，为乡村振兴提供了战略方向，实现更好的建设数字中国。为此，立足当前的国情农情，加快信息化进程，发展数字化生产力，推动数字化知识、技术、要素的更新和应用，并通过信息技术扩散、信息知识溢出等效应的释放带动现代化农业发展，实现产业兴旺、生态宜居、乡风文明、治理有效、生活富裕的总要求。

数字技术带动农业数字化转型。随着现代信息技术加快向农业产业链生产经营流通等环节渗透，信息、数据、技术等要素在产业价值链中的流动效率大大提升，将有利于带动整个农业产业链重构以及农业产业的升级。在研发环节，建设智能化平台实现对基因挖掘与数据分析，品种基因数据库与表型数据库可对品种的智能筛选与自动化管理，将基因、生物技术应用于农业领域，实现从源头保证种子、家禽等农资的品质。在生产环节，通过大数据、云计算等技术，对信息进行感知、获取、传输和储存，利用数字化决策平台的智能决策系统实现生产环节的精准管理。通过大数据和智能算法构建数字化实验室，实现以无人机、无人农场、自动驾驶等现代技术的应用替代传统耕种模式，同时，农机耕、种、管、收全程监测系统将进一步实现农机全程的智能作业。加快新一代信息技术与农业装备制造业的有机结合，实现装备信息化、智能化更新。在加工环节，通过创新加工环节的技术和设备来提升农产品附加值、实现产业链的纵向延长。例如，企业协同高校、科研院所研发的集自动测量、精准控制、智能操作为一体的绿色储藏、动态保鲜、快速预冷、节能干燥技术，可有效实现对农产品质量的保证；大型农业企业通过综合利用信息、生物、环保等技术以及创新超临界萃取、生物发酵等技术，对农产品进行精深加工，实现产品增值；运用物联网技术等对加工过程进行监督，确保加工流程可视化；运用智能制造、3D 打印等技术对配套装备进行组装；创新"中央厨房＋冷链配送＋物流终端""健康数据＋营养配餐＋私人订制"等的加工业态，满足多样化的消费需求。在流通环节，利用数字技术对农产品包装、冷链以及仓储进行升级，推动"互联网＋"农产品出村进城工程等的实施。结合 GIS 系统与物联网技术，实时监测和传输道路交通状况，通过 GPS 对道路车辆位置、行驶状态进行实时监控，确保车辆在配送各环节的有序迅速，以提升运输效率。通过 RPA（使用具有人工智能及机器学习的软件处理重复性的任务）替代物流过程中的手动输入数据工作，以实现决策效率提升。随着对乡村邮政以及快递网点的普及，将进一步加快建成智慧的物流配送体系。在营销环节，利用大数据对产业链数据需求进行收集、分析，实现对消费者需求的精准定位，结合人工智能洞察消费者需求变动，实现以需求拉动供给、供给创造需求的逻辑关系。区块链技术确保对农产品生产加工等各环节进行可视化追踪，以满足消费者不断升级的对高品质、可溯源产品的需求。互联网平台和信息技术发展创新了 O2O、农商直供、直播营销、个人定制等多元的营销模式，带动产品品牌的培育。农产品电商平台拓宽了产品的销售渠道，有效应对传统集贸市场直接交易范围受限问题，同时，农产品交易平台的搭建既能拓宽营销渠道，还能提供市场、价格、行业动态等相关信息，带动农产品市场的信息化发展（杨继瑞等，2016）。

数字技术的发展加快了产业融合、业态创新、企业集聚的步伐，推动农业产业链价值链的进一步延伸。首先，利用信息化手段对产业要素进行跨界配置，数字农业、智慧农业实现农业与信息产业的融合发展。其次，数字技术推动农业与文化、旅游、养生等产业融合，带动观光农业、创意农业等新业态，"线上云游"、共享农庄、康体养老等新产业的快速发展。其中，"线上云游"是通过互联网、3D 虚拟等技术，在网络中对历史、宗教、人文等进行全方位体验，便利了工作繁忙的年轻人以及出行不方便的老年人的旅游需求。受疫情影响，"线上云游"也极大满足了旅游爱好者的需求。共享农庄是指通过个性化改造农村闲置住房，将传统农耕文化与现代特色创意结合，将生产、生活、生态有机协同，以互联网、物联网等信息技术为支撑的新型农庄经营模式，使其能满足市民的田园休闲生活或度假养生需求。通过共享农庄带动农庄经济，避免过度城镇化对生态环境造成的破坏，实现将农民增收、科技助力、城乡融合有机结合。再次，数字技术推动业态进一步丰富、方式更加灵活多样的乡村新型服务业发展。例如，创新"线上交易＋线下服务"新模式，积极发展智慧服务、共享服务等新形态；同时，鼓励服务主体构建在线服务平台实现对传统服务业的优化升级；鼓励电商主体搭建农村网购平台，积极布局依托快递网点、村邮站等的农村电商网点，带动农村电商快速发展。最后，利用农业遥感技术监测地面农业产业园的物联网数据采集设施，提升对农业农村地面数据的实时观测、采集与分析能力，带动我国农业农村天空地一体化观测体系建设。

数字技术推动信息化绿色乡村、数字化文明乡村建设，推动生态良好、乡风文明的生态与人文环境构建。对于信息化绿色乡村建设，主要通过推动绿色的生产生活方式、提升生态环境的信息化保护水平实现。首先，加强对农资投入数字化追溯监管体系的建设，减少农药化肥的使用量，此外，随着物联网在农业生产领域的普及与完善，将进一步推进对农用土地情况的实时监控，有利于节水农业发展。其次，为了更好地改善农村人居环境，综合监测平台的建立可以对农村水源水质、生活污染物情况进行监测，为农业农村发展创造更加适宜的环境。再次，遥感技术、无人机等可以实现对农村生态环境的精准把控，尤其是对生态环境敏感脆弱的地区，数字技术的应用将推进更加信息化、高效化的生态保护水平。对于数字化文明乡村的建设，主要是通过数字技术塑造传统文化以及正视现代网络文化的价值观念，实现传统文化的传承与发扬以及对优质网络文化的吸收。例如，建立基于传统村落、历史文化名村名镇的"数字化博物馆"，弘扬传统文化精神，为农村文明乡风建设和提升农民文明观念营造良好文化氛围，同时将互联网技术融入文明乡村的建设，带领数字化的文物资源进入乡村，让农村共享文明成果。此外，创作优质的支持"三农"网络文化题材以及加强对封建迷信消极文化传播、打击农村的非法宗教活动开展及渗透，严厉打击违法不良信息在农村传播。

数字技术提升了农村治理能力，实现治理能力的现代化。例如，"互联网＋党建"可以实现对农村基层党员干部的远程授课教育；通过互联网公开农村党务、政务，有利于实现对农村基层干部的业务、作风等的监督，拓宽了群众的参与监督的渠道；全国一体化的在线政务服务平台提升了办事效率，实现更加便捷、高效地为民服务。同时，数字技术深入乡村教育和民生服务，对进一步提升惠民水平具有重要作用。近年来，光纤、宽带等资源加快在农村生活、教育领域的普及与应用，通过"互联网＋教育"，将城市优质教育资源对接乡村，推动资源的跨域流动；另外，"互联网＋医疗"实现乡镇、村级医疗能力、方案的提升与解决，创新了远程医疗、远程培训等服务。

6.3.2　环境协同机制

国家、政府提供政策支持，为整个环境的有序运行提供制度保证，带动农业协作生态系统的健康发展。首先，2016 年中共中央、国务院印发的《关于落实发展新理念加快农业现代化实现全面小康目标的若干意见》指出，要推进"互联网＋"现代农业，通过利用现代信息技术创新生产方式、产业模式以及经营手段，对农业全产业链的升级改造，最终推动智慧农业、绿色农业的发展；《数字农业农村发展规划（2019—2025）》提出，要推动信息技术与农业农村深度融合，以数字化驱动乡村振兴。规划设定目标，到 2025 年，农业农村数字化转型取得明显进展，初步实现农业农村科技转型；到 2035 年，农业农村数字化基本实现；到 21 世纪中叶，全面实现农业全过程、全要素、全系统的信息化渗透。数字农业农村的实现将有效推动数字中国的建设、乡村振兴战略的实施以及全球农业制高点的占领。其次，以乡村产业振兴带动乡村振兴战略的实施，2019 年国务院印发《关于促进乡村产业振兴的指导意见》指出以乡村振兴战略为导向，牢固树立新发展理念，坚持农业农村优先发展，围绕一二三产业融合发展同时聚焦重点产业；2020 年农业农村部印发《全国乡村产业发展规划（2020—2025）》，提出以发展乡村产业推进农业农村现代化，推动构建完备的现代农业产业、生产、经营体系。2021 年中央一号文件提出通过强化现代农业科技及物质装备、构建现代乡村产业体系、农业经营体系，推进实现农业现代化。

党的十九大报告提出构建现代农业产业体系、生产体系、经营体系是建设现代农业的重要内容，以三个体系作为现代农业建设总抓手，推动我国农业现代化的实现。我国对于良好产业环境的培育既体现了数字经济在农业生产、生活、生态方面的应用，也为数字经济提升生态系统绩效提出更高的要求，推动农业协作生态系统持续健康发展。首先，在产业体系上，表现为从林业、畜牧业、渔业、种植业等基础产业向产业链上游的研发环节以及下游加工、流通、销售等环节拓展，并实现向第三产业的延伸，着力推动农产品附加值和品质的提升。其次，在生产体系上，逐步实现遥感、物联网、生物技术等科技向农业领域的渗透，智能化、自动化装备在农业领域的应用。智慧农业、现代设施农业等的发展为信息化向现代农业发展助力；同时，农业节水工程、高效生态循环模式等在农业领域的应用将推动农业生态的可持续发展。最后，在经营体系上，出现了家庭农场、农民合作社等新型农业经营主体以及新型职业农民、"新农人"等高素质的农业经营者，为实现联农带农、探索土地流转模式、提升农业竞争力具有重要意义。

大数据、云计算、物联网、人工智能等现代信息技术广泛应用于农村，推动传统农村实现向美丽宜居、乡风文明的现代化农村演进。首先，建设乡村设施，改善乡村居住环境。对于村庄规划要在基于现况基础上保护村庄特色风貌，尤其加强对传统村落、历史文化名村名镇、文化遗迹的保护。通过政策补助等方式支持农村资源路、旅游路、村内主干道发展；通过建设规模化的供水工程、推进城乡供水一体化等保障农村供水；建设农村电网、推进燃气下乡等推动农村能源建设；完善农村光网、移动通信、物联网等规划建设以及遥感等农业基础设施建设，助力数字乡村、智慧农业发展；完善农村物流体系，发展农村电商带动农产品出村进城。加强技术研发对农村户用厕所进行改造、对农村污水及黑臭水体进行整治、对农村生活垃圾进行分类并进行综合处理。其次，优化乡村资源分配，塑造文明乡风。增加对农村教育的资源供给以及加强对乡村办学条件改善，提升农村的教育质量；开展职业技术教育以及技能培训，改善农民就业创业环境；提升农村卫生室标准及乡村卫生服务水平建设健康乡村；加强关怀农村基层干部，投放提升工资补助切实改善其工作生活条件；推进建设平安乡村，建立健全农村扫黑除恶常态化机制；以社会主义核心价值观为引领，通过开展思想教育、宣讲活动，加强乡村精神文明建设；整治农村封建迷信、铺张浪费等不良风气，推动农村移风易俗；加强乡村干部绩效考核、创新乡村振兴督查方式、持续纠正形式主义、官僚主义行为，培养干部优良作风。

发挥市场在资源配置中的决定性作用，充分激活市场要素、主体，引导城市资源更多地向乡村汇集，带动各类主体协同联合发挥"集聚"效应。一方面，放宽农村市场准入门槛，为农村电商的发展注入活力；同时，鼓励和引导有责任、有能力的金融机构和工商企业为农村提供金融和投资服务，推动资金要素向农村流动，解决农村融资难、融资贵的问题，进而为各类主体推动农村农业领域发展创造良好市场环境。另一方面，完善各类资源要素的合理配置和高效流动。在要素配置方面，加强城市资源加快向城市聚集，带动城市居民下乡赋能返乡、在乡人员乡村创业，发挥其在农村发展中的作用。其次，解决好农村土地、宅基地的流转问题，推动土地资源充分发挥活力带动农业农村建设。

6.3.3　价值共创共享机制

协作生态系统内成员联合构建价值网络，确保物质、能量、信息能在价值网上自由流动。价值网络的存在一方面使得系统内主体能够快速感知并应对环境变化，增强主体对环境的适应性水平，另一方面系统成员可以通过竞争与合作互动实现协同进化，通过异质资源形成功能耦合，进而推动各自技术能力、管理能力等实现升级。协作生态系统内各主体的协同进化是通过某种默契形成的自组织，相对于有严格命令的组织结构来说，参与主体间的协作关系、进入或退出生态系统的行动选择更具有自发性和灵活性，更能适应不断变化的外部环境。而生态系统内参与主体的任何一方存在协作意愿缺失或机会主义以及主体间优势无法互补，或者在知识产权、收益分配等方面存在问题，都会对主体间的协同战略产生影响，将难以形成整个生态系统绩效的提升。就系统结构而言，生态系统内部又可以分为不同的子系统（吴建材等，2012），组织内、组织间协同推进协作生态系统内各子系统的进化。数字经济背景下，农业协作生态系统内主体间形成了更加密切的协作关系，打造共创价值、共享成果的协同机制，融合畅通创新链、供应链、价值链、资金链，形成过程共参、资源共享、利益共分、风险共担的演化稳定状态，为提升农业协作生态系统绩效、实现协作生态系统的持续性、长期性、整体性的发展创造条件。从主体参与农业协作生态系统的构建的局部视角看，主体过程共参、资源共享、利益共分、风险共担四个方面参与价值共创共享。

　　第一，数字经济背景下农业发展过程的社会参与程度不断提高。首先，现代农业发展推动农业企业纷纷进行农业数字化转型，信息技术的发展模糊了产业边界，推动产业链各环节实现跨边界的融合，越来越多的科技企业、互联网龙头企业开始加快对数字农业领域的布局，形成集科研、生产、加工、销售为一体的产业化经营；此外，科技企业聚焦新技术、新设备的研发，加速科技成果向农业产业链生产经营等各环节的转化。以企业为主体，依托国家农产品加工研发中心，打造的共性技术研发平台，开展对创新技术、创新品种、创新设备等的联合攻关，推动产业链与创新链的紧密结合。其次，农业产业链纵向一体化的发展趋势推动农业产业链的主要驱动力由生产环节逐步向加工、流通环节转移，带动乡村新型服务业发展。在这一过程中，农村合作社等主体进一步扩大服务领域，参与开展土地托管、农技推广等生产性服务，以及为农户提供相关的市场信息、产品营销等相关服务；农业生产流通企业不断提升服务水平，开展个性化配套服务等。再次，平台经济的发展，消费者主动参与生产决策推动实现价值共创，主体间形成打破原有组织边界的共生关系，改变了在生态系统初期形成阶段的企业与消费者间弱协作关系，推动实现消费者与经营者间强协作。最后，高校联合农业科技企业协同进行技术攻关、人才培养，通过技术创新以及培养农业领域的综合型人才为农业生产经营流通等各环节赋能。除此之外，随着新业态的融入，电商、金融服务机构等社会化服务机构积极布局农业领域，密切与产业链上各主体间的关系，推动全产业链的跨界融合。

　　第二，数字经济背景下农业发展过程的资源共享意愿不断加强，不同主体通过整合内外部资源实现自身持续健康发展。首先，通过搭建共享数据库，打通农业产业的数据链条，创建其他相关主体与农户的联结机制。其次，通过搭建资源平台有效实现参与主体间信息技术等的互联互通，带动产业链及产业融合实现优化升级。农业虚拟产业集群作为促进产业融合的新型模式，其逻辑是以现代信息及网络技术为基础，带动多元市场主体（企业、中间商、消费者等）以及其他行为主体（政府、高校、科研院所、金融机构等）参与生产经营过程、共享要素与服务。集群内实现对金融、技术、人力等资源的汇集，参与主体也可通过平台共享资源、协同发展。最后，农业产业集群实现众多企业在区域内的汇集，虽然企业集聚可能会产生恶性竞争，但基于市场需求和落差优势，区域内企业的联合可实现优势互补，推动人力、知识技术等资源的共享。

第三，数字经济背景下农业发展过程的利益共分水平不断提升。首先，在数字时代，生产活动逐渐由生产者演变为消费者导向，消费者主权不断强化，面对更加创新化、多样化、个性化的需求，迫切要求通过持续的技术创新、绿色生产等手段（刘灿等，2017），提供更多高附加值、高效用、高品质的差异化产品。由此看来，在数字经济背景下，消费者参与农业发展成果的社会参与与分享水平不断提升。其次，新型农业经营体系改善了传统农户家庭经营中存在的经营成本高、效益低，以及竞争力小的问题，拓宽了农户在整个产业链条上的利益分配范围。相较于传统农业中农户往往只通过生产环节参与利益分配的现象，农业合作社、家庭农场、农协等组织化程度高的经营模式促进农户协作实现产品加工、销售以及品牌塑造，农户利益分配环节延伸到更高利润、更高附加值的产业链上下游环节，利益分配的边缘化问题得到有效解决。再次，我国既要不断完善"公司＋农户"机制，同时，创新"农户＋合作社"等模式、"订单收购＋分红"等利益联结方式，以推动高质量农业产业联合体的构建。最后，农业产业集聚化发展将有利于形成区域品牌，并带动参与主体实现品牌共享。

第四，数字经济背景下农业发展过程的风险共担程度不断提升。农业产业化和农业产业融合都是实现密切利益主体关系、实现风险共担的体现。在农业产业化推进过程中，农业龙头企业、农业新型经营主体有效配合，密切各主体的利益关系，与利益主体共担风险。龙头企业通过积极履行社会责任，与上游农户、合作社、协会、养殖基地间建立产权关系，为农户、家庭农场等提供技术指导和参与培训，对农牧、农林、农渔、农旅等结合进行示范引导，同时，与下游加工企业、合作社建立资产联结，最终形成利益共享、风险共担的联结机制。

从主体参与农业协作生态系统构建的整体视角看，多元主体积极参与生态建设，通过资源整合，形成农业产业化龙头企业带领，科研院所、高校、社会资本、服务机构等多元主体协同参与、共享合作的农业产业融合新模式。在这一模式中，有能力参与产业发展的多元主体共同打造网络化的信息平台，形成覆盖全产业链的"无边界"开放生态系统，对系统内物流、信息流、资金流等进行整合，通过打造平台、技术、人才协同创新的协作生态格局，推动农业协作生态系统持续健康发展。

第一，基于在技术、资金、管理等方面的优势，龙头企业在行业标准和服务体系的建立上具有话语权。加快对农业产业化龙头企业的培育，使其更好地发挥在产业链整合、产业融合、产业集聚化发展中的带头领导作用。首先，以核心龙头企业为中心，通过对产业链各环节的横向拓展与纵向延伸对链条上主体和要素进行整合，最终实现对农业全产业链的整合与价值提升。龙头企业在产业链上游有效对接农户，下游对接流通企业和各类服务机构，打造上下游相互依赖、联动发展的标准化生产加工销售基地。特别地，依托先进的技术与管理经验引导农户实现规模化、标准化、产业化发展，通过搭建融资平台解决小农户融资难的问题，推动农民增收、农业结构调整、农业产业发展具有重要意义。同时，在农业龙头企业的带动和示范下，农户生产经营规模不断扩大、组织化程度不断提高，推动家庭农场、农民合作社等新型农业经营主体的形成，通过为新型农业经营主体提供在技术方面的指导和培训提升竞争优势。在基于自身优势的条件下，带动产业链上其他主体实现共担风险、共享成果，以实现各主体的互融共生发展。其次，农业龙头企业为农户、新型农业经营主体提供农林、农牧、农渔等指导示范以推动产业融合发展。同时，以农业龙头企业带动的农业发展新业态不断丰富，出现了定制农业、创意农业、电子商务、体验营销、休闲农业等新业态，实现对产业链的进一步延伸与拓展，也将带动价值链的进一步提升。再次，多家农业产业化龙头企业带动优势特色产业集群、现代农业产业园、农业产业强镇等支持全产业链的产业集群。其中，农业产业集群的构建是基于农业资源禀赋的，是以政策为支撑、国内外市场为导向、龙头企业来带动、以科技为动力、利用区域内基础设施，通过逐步发展最终推动形成以农业龙头企业为代表的区域农业品牌的网状结构。产业集群的发展需要产业链上各相关主体共同协作、政府的积极推动以及商会、协会等制定发展行规来实现强化分工，从这一角度来说，产业集群又是一个复杂的经济社会系统。此外，现代农业产业园是集成科技、主体、产业，统筹布局生产、加工、流通、研发、服务等功能的产业集聚化发展形态。现代农业产业园由龙头企业带动，企业间构建利益联结机制，通过发挥融合平台的作用，实现产业融合和带动农民持续增收。

第二，培育政府、高校、科研院所、涉农企业、合作社、农户、科技企业、金融机构、消费者等主体间的协同联动机制。通过资源整合，推动各参与主体间形成紧密联合的协同创新体，实现学科建设、人才培养、平台建设、科研攻关、社会服务等的协同发展。同时，为更好地推进各相关主体的协同创新，服务农户及消费者，实现农业协作生态系统的经济、技术、人文、环境绩效的提升，要持续创新对主体协同创新的政策支持，通过不断完善对知识产权的保护的法律法规、农业产业园区等的配套设施为主体间的协同营造良好氛围。一方面，高校、科研院所、涉农企业推动产学研用的协同。依赖农业科技创新重点实验室、研究中心以及一流学科建设等主体间协同平台，高校与科研院所、涉农企业进行联合攻关以及培养综合型农业人才；涉农企业、农业合作社、农户通过协同各方数字资源，带动数字化的生产方式、经营理念的形成，将理论应用于实践，推动农业数字化转型。另一方面，科技企业提供农业数字化产品及智能化系统开发，为其他参与主体提供科技及管理等支持；金融等服务机构为主体间实现紧密协作提供信贷支持，通过发展供应链金融为企业等提供资金保障。

第三，促进农业科技企业、农业经营主体与产业链上下游的深度链接。首先，农业科技企业基于技术优势汇集产业链上下游的数据资源，通过建立数据资源库为农户、金融机构等产业链群体的生产、投资活动提供依据，同时能够吸引和带领更多群体加入产业链的构建，壮大农业协作生态系统的整体实力，推动系统的持续健康发展。此外，农业经营主体标准化、集约化、高效化的生产与经营方式将改变小农户传统分散、小规模的经营模式，带动小农户与现代农业的有效衔接，同时，依托新型农业经营主体的农业职业经理人、新型职业农民以及"新农人"等主体的产生将推进实现农业科技成果转变为农业生产力，加速农业数字化转型。

综上分析，建立以市场为导向、以联农带农为目标，政府、科研机构、高校、企业、金融机构、中介服务机构等主体间协同创新的推进机制，推动农业协作生态系统实现持续健康发展，实现为加快数字农业农村建设、推动农业农村现代化、实现乡村振兴增添动力。为此，政府要加强优化政策环境，通过出台一系列政策，如就业补贴、税费减免、信贷优惠等，支持农业龙头企业的发展壮大，尤其对于那些能实现联农带农的龙头企业，以奖代补的方式对龙头企业进行资金扶持，使其更好地发挥在产业集群发展过程中的带动引领作用。2021 年农业农村部印发的《关于加快农业全产业链培育发展的指导意见》中提到的到 2025 年培育一批年产值超百亿元的农业"链主"企业，以加快农业全产业链培育发展的任务，加快对农业产业化龙头企业的培育，使其更好地发挥在产业链整合、产业融合、产业集聚化发展中的带头领导作用。2021 年，我国县级以上的农业产业化龙头企业已经超过 90 000 家，其中，国家重点龙头企业有 1 547 家①，同时，龙头企业牵头创建了 7 000 多个产业化联合体，辐射带动农户 1 700 万户②。加大科研投入力度，打造国家数字农业农村创新中心，构建集装备研发、技术攻关等为一体的创新平台；加快建设农业综合信息服务平台以及智能化决策支持系统，增强农业生产管理的科学性；积极推动建设农业管理政务服务平台，为平台主体提供病虫害及疫情监测、农资生产经营管理、农产品安全监管等信息化服务。企业、高校以及科研院所要在数字项目、产业、人才培养上进行协同，在具体任务上进行分工，形成高校聚焦基础研究、科研院所聚焦技术研究、企业聚焦产业发展的合作模式，推动主体间的融合发展、协同创新，最终目的是推动技术加速向产业成果的转化。银行业金融机构要积极响应国家政策，推动资本向农业农村领域倾斜，为农业农村持续发展提供资金支持。数字农业企业及农户要积极同各相关主体加强协作，通过知识技术吸收提升素质，带动新型职业农民、农业职业经理人等的培育，并通过资源共享有效降低生产成本及风险，提升创新能力。

6.3.4　农耕文化协同传承机制

我国作为农耕大国，农耕文化随着历史的演变不断发展，数字经济时代，数字技术的发展为农耕文化注入新的元素，呈现出符合时代发展的新特点，我们也可以看到，数字农业、智慧农业、精准农业等数字化技术与农业发展融合的农业形态与绿色农业、休闲农业、观光农业等现代农业类型，都是以

---

① 农业农村部. 关于政协第十三届全国委员会第四次会议第 1717 号（农业水利类 273 号）提案答复的函 [EB/OL]. http：//www. noa. gov. cn/govpublic/SCYJJXXS/202109/t20210910_6376150. htm.
② 农业农村部. 对十三届全国人大四次会议第 3368 号建议的答复 [EB/OL]. http：//www. moa. gov. cn/govpublic/XZQYJ/202106/t20210622_6370050. htm.

继承和发扬传统农耕文化精髓为基础的，同时，对农耕文化遗存等的保护也是市场、政府、高校与科研院所、金融机构等共同参与以及文化传承理念的不断深化的结果。数字化技术融入农业生产经营环节与农耕遗存保护，既有传承又有革新，同时通过内外环境协同联动，最终实现对农耕文化的传承与发扬。

数字经济背景下的农耕文化传承包括通过农耕思想、生产方式、农资培育等的耦合关系实现农耕文化的传承。在农耕思想方面，首先，传统重农利农的思想与现代重视粮食安全、粮食生产的理念耦合。"重农抑商"的农业经济政策、土地制度、赋税制度为农业发展创造良好环境；重视兴修水利等都体现了我国历朝历代对农业发展的重视。2024 年，出台《关于加强耕地保护和改进占补平衡的意见》，提出加强耕地保护是关系到国家粮食、生态安全以及社会稳定的重要举措；严守 18 亿亩耕地红线，永久基本农田保护面积不少于 15.46 亿亩。其次，传统农业生产顺应天时、因地制宜的思想与现代数字农业、智慧农业遵循自然规律耦合。其表现为利用大数据分析土地资源，实现对作物品种以及耕种位置的选择；现代农业通过温室、薄膜栽培技术满足农作物的农时需求；利用盐碱地改良技术、生物改良等配套技术实现耕地的轮作休耕。最后，精耕细作的农耕传统与数字农业的"精细、精准"耦合。利用物联网技术、传感器等信息技术设备对大棚作物进行智能化、自动化管理，可对农作物培育进行实时监控，确保出苗率；遥感卫星技术能提高生产信息化水平，发展以精准施肥、精准灌溉为代表的精准农业。在生产方式方面，首先，传统农业循环经济与现代有机农业发展耦合。传统农业生产过程通常把种养殖业密切联系，"桑基鱼塘"实现把田基种桑、水塘养鱼、蚕食桑叶、蚕粪育鱼、塘泥肥桑有机结合。有机农业对种植业和养殖业进行协调，避免农药、化肥等的使用，遵循自然规律，也是维持农业生产体系可持续发展的一种生产方式。此外，生态农业以协调、循环、再生为原则，实现协调农、林、牧、副、渔以及产业间的综合发展。其次，传统农业与休闲、观光农业结合，实现对传统农业的继承和发扬。休闲农业依托农村设备、生产基地、自然环境等，将观光、体验集为一体，使人们在享受乡间乐趣的同时感受传统农耕文化的魅力；观光农业以农业、农村为载体，凭借优势自然条件提供风景游览以及果实采摘等农事活动，丰富人们的农耕文化体验；农家乐也通过向市民提供采摘体验使其体会农家乐趣。在农资培育方面，首先，古代农学强调合理施肥、改善肥力的重要性，通过改造盐碱地实现规模化的机械作业，并通过发展循环农业进行无化肥种植，改善土壤肥力，推动协作系统的持续化、绿色化发展。其次，我国自古就有培育良种的传统，现代数字化的农业生物质品种研发，是综合利用转基因等现代生物技术与数字信息技术，并构建资源数据库实现对农资数据的智能筛选与自动化管理，对世界各地优良品种进行筛选以实现对优良品种的培育。

在传承传统农业生产领域文化的基础上，对于农业生产生活发展过程形成的农耕文化遗存，多方主体协同利用数字技术对其进行保护。对于传统村落、居民建筑等有形文化遗存的数字化保护，可通过数字化的储存、信息化的传播以及虚拟化旅游等实现（刘沛林等，2017）。首先，利用卫星遥感、无人机、全息摄影、高清影像测量技术等空天一体化测量技术进行信息采集，并利用数字化技术对传统村落、居民建筑进行全面记录，建立相应的数据资源库，通过光纤、网络、云盘进行分类储存；对于因自然、人为、灾害造成的毁损依据数字化档案进行修复。其次，利用空间观测技术，对需要重点保护的文化建筑进行实时监控。最后，通过搭建历史文化村镇遗存的数字化共享平台，提供数字化传播文化遗存的创新途径；将 VR、AR 等数字技术用于传统农业文化遗址展示传播，通过建立历史名镇名村和传统村落的"数字文物资源库"、"数字博物馆"以及农业文化遗产网络展览，实现对有形文化遗存的传播。对传统手工技艺，可通过计算机、仿真、人工智能等技术加以保护，同时，建立人机互动的数字博物馆为参观者提供参与虚拟手工制作；通过二维动画动态演示，将静态手工技艺动态化，实现对传统手工技艺文化的传播。

对农耕文化的传承是多方主体协同的结果。政府层面，通过建立农耕文化保护领导小组，带领旅游、宣传、环保等相关部门对保护农耕文化的实践工作进行分工协作，按照类别对农耕文化资源进行甄别、保护；对于农耕文化遗存，按照分布位置对文化遗址采取如置换搬迁、就地改造以及建立保护区等；建设全国文化信息资源共享工程，打造精品文化资源库、数字化文化展示平台等；各级政府打造"数字化博物馆""专题性非物质文化遗产数据库"等非物质文化遗产数字化网络服务体系对农耕文化进行保护；同时，不断完善农耕文化保护政策，结合实际情况，制定相应的地方性法规。持续营造保护农耕文化的氛围，通过开放农耕文化园、数字农耕文化博物馆等媒介提升影响力；引领农耕文化保护宣传教育进课堂、进书本，培养青少年的文化传承意识。对于非物质的农耕文化，政府要加大对人财物的投入，协同国内外相关政府部门营造良好文化遗产的利用保护环境，同时鼓励企业、非营利组织、行业协会、民间团体、个人参与文化遗产的数字化保护（谭必勇等，2011）。高校、科研院所层面，推广建立非物质农耕文化遗产研究中心或科研基地，加强对数字化保护遗产的相关理论、应用推广等方面的探索，并通过建立数据保护中心实现对农耕数据的分类保护。金融机构、民间资本为农耕文化传承与创新提供资金支持，同时，探索更加多元丰富的投融资体系，引导鼓励企业、民间资本对农耕文化传承创新项目的投资（康涌泉，2013）。

第 7 章

数字经济提升我国农业协作生态系统绩效的实施保障研究

7.1 强化政策保障

在政策支持和市场经济作用下，我国在农业产业、农村发展等方面取得长足进步。但在区域发展水平、基础设施建设、人才培养、财政扶持等方面仍存在不足。数字经济背景下，我国要加快数字技术与农业产业转型、农村经济社会发展的融合，并出台一系列战略规划和法律法规来指导农业发展，这为深化农业供给侧结构性改革、推动农业现代化转型、实现乡村振兴提供重要支撑。

7.1.1 加强对农业企业的政策扶持力度

近年来，农业农村部同其他相关部门在财政、金融等方面强化对农业产业和农业企业发展的支持。农业农村部发布的《对十三届全国人大四次会议第 3368 号建议的大答复》中指出要发展壮大龙头企业、强化金融支持和用地保障、推动联合体发展，通过加大对龙头企业的扶持，使其更好地发挥"链主"作用，以更好实现主体间联合和要素汇集。2021 年中国银保监会办公厅印发《关于 2021 年银行业保险业高质量服务乡村振兴的通知》明确提出各银行业金融机构要不断加大为"三农"重点领域的中长期信贷提供支持，同时，鼓励其建立内设机构来服务乡村振兴。同时，中央以龙头企业为实施主体，加强对建设优势特色产业集群、现代农业产业园、农业产业强镇等项目的支持，实现自 2020 年以来，建设 100 个优势特色产业集群，累积安排财政资金 100 亿元；自 2017 年以来，创建 200 个国家现代农业产业园，带动省、市、县建立 5 000 多个产业园，累积安排财政奖补资金 130 多亿元；自 2018 年以来，推动 1 100 多个镇（乡）发展镇域主导产业，累积安排财政资金 90 多亿元①。《全国乡村产业发展规划（2020—2025 年)》对现代农业产业园、农业产业强镇以及优势特色产业集群的发展可以通过"以奖代补、先建后补"的方式进行扶持，同时，鼓励地方发行专项债券服务乡村企业。新冠疫情下，农业农村部为一批农业企业提供专项再贷款、支农支小信贷优惠政策，助力农业企业享受 800 多亿元的专项再贷款、近 40 000 家中小微农业企业共享优惠政策。

农业农村部办公厅、中国农业银行办公室发布通知，提出要加大信贷投放力度，不断提升金融服务水平。为此，首先要聚焦中国美丽休闲乡村、休闲农业重点县等重点区域，重点区域内农户、农业企业、农民合作社等主体，以及田园观光、健康养生、民俗体验等领域的金融支持以带动乡村休闲旅游业发展。例如，扩大农村普惠金融改革试点，鼓励地方政府对县域农户进行信用评价，创新构建"线上＋线下"的普惠金融服务体系等。其次，通过创新"惠农 e 贷""农家乐贷"等创新金融产品，支持乡村休闲旅游企业通过发行债券等拓宽融资渠道，带动金融服务场景在数字乡村休闲旅游业态中的应用等创新支持乡村休闲旅游业的金融服务。

7.1.2 加大农村数字基础设施建设的政策支持

我国目前仍存在农村数字基础设施建设范围覆盖有限、边远贫困地区基础设施落后、技术及设施运营和维护成本高等问题。2021 年"中央一号文件"明确提出要加强乡村公共基础设施建设，尤其是要加强对农村资源路、产业路、旅游路以及村内主干道的建设，并通过中央车购税补助地方资金、地方政府债券等渠道支持农村道路发展；实施数字乡村建设发展工程，推动农村千兆光网、5G、物联网技术与城市同步规划建设；完善电信普遍服务补偿机制，支持农村及偏远地区信息通信基础设施建设。

《数字乡村发展战略纲要》对我国数字乡村建设提出战略目标，提出到

---

① 农业农村部. 对十三届全国人大四次会议第 3368 号建议的答复［EB/OL］. http：//www. moa. gov. cn/govpublic/XZQYJ/202106/t20210622_6370050. htm.

2025 年实现城乡"数字鸿沟"明显缩小，基本形成乡村智慧物流配送体系；到 2035 年实现城乡"数字鸿沟"大幅缩小，数字乡村建设取得长足进展。并指出要大幅提升农村宽带通信网、移动互联网、数字电视网等网络设施建设水平、完善信息终端与农业综合服务平台构建、加快农村农业生产加工以及冷链物流等设施数字化转型，实现对乡村信息基础设施建设的不断完善。同时，建设农村遥感卫星设施在农业生产中的应用；推广大数据、云计算、物联网、人工智能在农业生产经营管理中的应用；实施"互联网＋"农产品出村进城工程，加强农产品加工、仓储等设施建设，深化邮政、快递网点普及，实现对农村流通服务体系的创新。

7.1.3　完善培育农业人才和新型经营主体的配套政策

对于我国农业数字化转型和农业协作生态系统发展面临的技术效率不高、高素质人才不足等现状，要通过政策倾斜，加快培育复合型、应用型人才，培育新型农业经营主体、各类服务主体以及新型职业农民，为实现乡村振兴和农业协作生态系统发展提供内在动力。

第一，要联合科研院所、涉农院校、农业龙头企业等主体，培养熟练掌握互联网技术和农业知识的复合型人才，同时，落实人才统筹培养使用制度，动员更多知农爱农的城市科研人员、教师等下乡服务；设立农村实用人才专项资金，积极培育建设人才主力军；建立有效激励机制吸引人才，强化对农业高层次人才的服务水平，通过健全科技信息等服务体系、加大基础设施建设，为其营造良好的环境氛围，最终"留住人才"。

第二，完善新型农业经营主体在人才培育等方面的配套政策支持。要进一步完善《数字乡村发展战略纲要》提出的通过政策支持对各类新型农业经营主体网络提速降费，并完善在营销渠道、金融信贷、人才培养等方面的配套政策支持，以实现生产经营组织和社会化服务组织的信息化。

第三，实施新型职业农民培育工程以及搭建"育才"平台，为农民提供在线培训、远程教育、学术交流、外出深造等服务，进一步提升基层人才服务农业、振兴乡村的能力。根据《2021 年乡村产业工作要点》，要在全国遴选出 100 家农业产业化龙头企业，推选出其中的典型案例和优秀企业家，目的是培育新型经营主体和人才支持。

7.2　数字技术创新保障

《数字农业农村发展规划（2019—2025 年)》指出为全面贯彻党的十九大精神，实施数字中国战略、乡村振兴战略、数字乡村战略以及推进"互联网＋"现代农业的战略部署，要加快数字技术的推广应用，推动农业高质量发展和实现乡村全面振兴。为此，坚持以创新引领、应用导向、数据驱动的基本原则，营造良好的政策创新环境，协同多方主体，推动数字技术与农业农村的深度融合，以数字化带动实现农业农村现代化和乡村全面振兴，从而为农业协作生态系统的健康、可持续发展提供技术支持和保障。

7.2.1　营造良好的数字技术创新环境

在推动数字经济提升农业协作生态系统发展的过程中，数字技术创新氛围的营造尤其重要，为此要从以下方面营造数字经济提升农业协作生态系统发展的数字技术创新环境。

第一，加强农业农村数字工程平台建设。要构建国家农业农村大数据平台，整合农业农村部门、新型农业经营主体、农户等主体数据和农村自然资源等各资源数据，实现全国农业农村数据资源的整合，同时，建立统一的分析决策平台，对数据进行预警、决策及共享，实现以数据支持农业农村发展；建立国家农业农村政务信息系统，为农业相关管理服务等提供数据支撑；国家工程技术研究中心、国家智慧农业创新联盟、智慧农业实验室、数字农业创新中心等加快建设，人工智能等相关专业的广泛设立，以及数字农业相关国家及行业标准相继出台。

第二，不断完善农业数字新基础设施来改善农业和农业协作生态系统发展条件。为保障国家对网络安全及推动信息化工作，多方合力推进数字乡村等战略的顺利实施，并通过加快 5G 网络建设，带动我国数字农业农村发展，我国加快了农村数字基础设施建设。目前全国已有超过 98％的行政村接通光纤和 4G，贫困村接通宽带占比超过 40％，农村每百户拥有计算机率近 30％。未来，要按照《数字乡村发展战略纲要》，进一步推进对农村地区水利、电力、公路、冷链物流等基础设施的数字化、智能化转型，建设智慧交通、智慧水利、智慧农业以及智慧物流等。引导工商、金融资本对数字农业农村建设的投入，创新政府与协同社会资本的方式。

7.2.2　推动数字技术和农业农村的深度融合

第一，要推进精细化的农业生产。在种植业领域，广泛应用能实现智能感知、分析、控制的设备，以实现对种植业生产经营的智能管理；在畜牧业领域，通过数字化设备的集成应用实现对畜禽圈舍进行智能化改造；在渔业领域，通过实时监控水质、精准投放鱼饵、监测预警病害等数字技术带动数字渔场建设；在种业领域，通过智能服务平台实现智能化的种业全链条数据挖掘与分析。

第二，要推进网络化的农业经营。加快对农村电商服务中心、物流配送中心、快递网点等的建设，推动我国农村网络零售发展；同时，创新农产品营销方式，构建线上线下 O2O 数字化营销策略。

第三，要推进数字化的乡村治理。首先，要完善相应的基础设施，带动信息数据进村入户，通过建设数字化的农业农村服务体系，实现一切以群众为中心和密切联系群众；其次，实现数字化的人居环境监测，汇集数据打造农村人居环境数据库，实现对农村人居环境的不断优化；最后，推动乡村数字治理环节的决策信息公开、民情信息收集、相关公共服务实现网络化，以提升农村综合服务的信息化、网络化水平。

7.2.3　强化农业数字技术的协同攻关与创新

首先，协同高校、科研机构、乡村企业进行数字农业农村领域科技攻关，同时加快对数字农业农村领域领军人才、管理团队的培养；校企合作强化对数字化农业应用型人才的培养也有助于实现协同研发。

其次，通过引领数字农业农村领域人才下乡，为新型农业经营主体、新型职业农民、创业主体等提供教育培训，提升其现代化管理、经营理念和数字技术的应用能力；通过不断优化创业环境培育返乡、入乡等创业群体，依托服务平台、专家团队、培训机构等为农业创业人员提供创业技术指导，提升农业创业人员的技能和水平。

再次，建立科学完善的数字技术人才评价与激励制度，激发科技人才积极参与农业农村的数字化建设的动力，为数字农业农村发展持续注入动力。例如，通过建立分类考核制度等科学的绩效考核机制对人才进行评价，构建不同岗位、不同工作类型的人才的评价标准，建立健全以创新能力、绩效等为导向的科技人才评价体系，以德才兼备和绩效表现为依据，采取考核结果与奖惩挂钩，对高绩效、高表现的人才通过提高薪酬待遇、福利水平对其进行激励，实现充分发挥人才价值和留住人才。此外，对从事技术开发的人才重点强调其取得的知识产权和科技突破、成果转化等，支持科技人员以科技成果对乡村企业进行入股，对人才进行充分激励。

最后，加强完善知识产权保护制度和构建产权保护机制；通过构建一站式数字知识产权保护服务平台对知识产权进行智能保护，促进数字化要素在农业产业链中的流动和共享。

7.3　市场主体协作多元协同保障

在数字经济提升农业协作生态系统的发展和实施过程中，要坚持以市场为导向，发挥市场在资源配置中的决定性作用，充分激活市场要素、主体，实现乡村汇集更多的资源要素，推进数字经济提升农业协作生态系统绩效。对于农业协作生态系统不同市场主体，可以从以下四个层次开展市场主体多元化协同保障机制建设，实现促进不同市场主体间的协作，推动农业数字化转型和数字经济提升农业协作生态系统的健康发展。

7.3.1　不同地区农业产业链的协作

我国传统上坚持"小农经济"模式，在农业生产中以家庭单位作为经营主体。同时在前互联网时代，地区间隔使得不同农业主体难以开展及时的信息沟通，造成不同地区农业产业发展相对封闭。这种地区封闭特征不仅使得我国农业产业链被分割在不同地区，难以产生集聚效应，而且也难以实现有效的信息流动，实现对生产结构的优化与生产成本的控制。因此在农业产业链协作中需要对不同地区的农业产业群展开跨地域创新协作。在具体协作方式的选择上，可以按照以下方式推进。

第一，推进企业间创新成果的市场交易，利用市场机制配置创新成果，通过技术参股、成果（专利、技术等）出售等方式实现不同区域企业的协作。同时由于不同区域企业存在不同的生产要素优势，通过创新成果的市场交易实现了不同企业间的优势互补。

第二，促进创新人才的区域流动。不同地区的农业经营主体在人才培养与交流方面，可以通过高级研发或管理人才的跨区域流动实现协作。通过交流、社会兼职、顾问咨询等形式使得不同区域的创新主体实现合作，加强不同地区企业间的连接，打破要素的地域限制。

第三，借助数字技术建立第三方协作平台。在互联网经济的带动下，平台商业模式迅速兴起，通过向不同企业提供信息与技术服务来促进企业间的协作，实现不同地区间的农企对接。例如，四川省农业厅与其他合作单位共建现代农业产业链协作平台，打造家庭农场、合作社、农业物业的物资交易平台。通过第三方平台实现不同地区农业主体的资源转移、项目合作、优势互补等协作。

7.3.2　农业产业链上下游企业之间的协作

在数字经济时代，农业企业在追求自身利益最大化目标过程中，仅仅通过自身难以准确把握消费者需求并建立成本优势，而通过上下游企业的协作，可以有效促进整体企业生态系统的良性发展，进而提升企业自身竞争力。同时将数字技术应用到农业产业链中可以实现对整个产业链的升级与重构。农业产业链上下游企业可以通过以下两方面展开协作。一方面，加强上下游主体数字化生产协作，通过现代数字技术如大数据、人工智能等在生产经营中的应用，在病虫害与自然灾害监控、农副产品的质量把控、生产过程中的自动化监测、精准化作业、数字化管理、智能化决策、信息化服务等方面实现对土地、设施、劳动力等生产要素的优化配置。另一方面，加强上下游主体在供给侧的协作，利用"大智移云"等数字技术，深刻把握消费者的需求特征，促进自身产品的优化升级，针对市场与消费者特征开展生产，满足消费者对于更优质的农产品及服务的相关需求，进一步拓展市场，扩大农产品的市场需求，实现农业产业链整体的优化。总而言之，农业产业链上下游企业围绕数字技术开展协作，将数字技术融入农业产业链中，实现生产要素的合理配置与生产经营的数字化转型，并有效控制相关成本，形成农业产业链的整体竞争优势，实现农业的数字化转型。

7.3.3 政府—高校—科研机构—企业之间的产学研协作

仅仅依靠企业这一市场主体难以实现对农业数字化转型提供技术、制度、人才保障，因此需要开展政府、高校、科研所、农业企业、合作社等多个主体间的产学研协作以实现整体协同发展，而不同主体在产学研协作中发挥不同的作用。政府在产学研协作中需要根据相关政策与法律制定一系列扶植创新的政策，加强对知识产权的保护，建设一批具有示范性、代表性的农业产业园区并完善相关的配套设施，为多主体的产学研协作提供基础设施支持与制度、政策保障。高校与科研院所拥有专业的科研人员，也是数字农业知识平台与创新载体。在产学研协作相关实践中，高校与科研院所要积极与涉农企业开展双向合作，共同攻关技术难题，推动农业生产经营的数字化转型，对于企业存在的技术、管理局限与未来发展提供指导建议，形成产学研创新联盟；同时在高校与科研院所内部加强沟通与协作，通过建设联合创新基地、学术交流、合作攻关项目等形式促进信息沟通与人才培养，提升高校与科研院所的技术创新能力，更好地为实践创新做好准备。涉农企业、合作社以及个体农户在产学研协作中扮演创新主体角色，因此更需要加强协作意识，在扶持政策的引导下积极开展数字农业转型相关实践，积极配合高校与科研院所的相关科研任务，建立完善的人才培养与绩效激励机制，不断完善现代企业制度，在企业内部形成支持创新的氛围。不同主体在自身作用的基础上，进一步打造目标导向、优势互补、互惠共赢、成果共享的现代农业科技协同创新共同体。

7.3.4 农业协作生态系统与数字经济其他主体的协作

农业数字化转型和数字经济提升农业协作生态系统发展过程中还需要借助来自不同行业、不同主体的资源，例如数字科技公司、金融机构等，积极获取有关数字化农业资源，促进自身发展。许多科技公司有着强大的数字技术能力，特别是在大数据、人工智能、物联网、云技术等有着丰富的创新能力与实践经验，通过与此类技术企业开展数字化协作可以获得较为先进、成熟的数字化农业解决方案，配套的系统平台与完善的数字化管理服务，快速提升企业乃至整个农业协作生态系统的数字化能力。在双方合作中，涉农企业需要建立良好的协作环境，在技术对接、基础设施建设、日常管理等方面加以完善，农业科技公司需要在较长一段时间完善对客户的服务。另外在资金支持上，由于数字农业建设需要较高的资金投入，因此农业协同生态系统主体也需要与金融机构展开合作，推动投融资互动机制的建立。比如政府可以鼓励商业银行发行"三农"等专项金融债券，落实农户小额贷款税收优惠政策，对符合条件的新型农业经营主体进行贷款税收减免；金融机构可以设置与农业生产周期相匹配的农业贷款期限；推动温室大棚、大型农机、土地经营权为抵押的依法融资；扩大农村普惠金融改革试点，鼓励地方政府对县域农户进行信用评价，创新构建"线上 + 线下"的普惠金融服务体系；涉农企业、个体农户需要提升财务管理意识，提高自身的财务风险管理能力，健全风险控制体系，形成严格的财务制度。除以上两个协作主体外，农业协作生态系统也需要积极获取相关社会资源，实现自身发展。

7.4   组织管理保障

我国农业数字化转型过程中在资源配置、利益分配与成果管理方面要求不同的市场主体，如企业、政府、高校科研院所，在满足主体间协作基础上建立相关的管理机制，形成对农业协作生态系统的全面把握与合理管理，带动整个协作生态系统协作行为的长期健康发展。不同主体要根据自身在农业协作生态的角色、作用等，建立科学化、系统化的组织管理机制，具体可以从以下几方面进行展开。

7.4.1   充分发挥政府的引导和指导作用

第一，充分发展政府对农业产学研协作的引导作用。为了更好地推动农业协作生态系统的发展，政府要发挥产学研管理的引导作用，根据地区实际经济形势与相关法律、政策的规定，出台配套的产学研管理规章制度，对农业相关的产学研合作进行引导。发挥各个职能部门与机构的协调功能，对产学研合作中具体实践等提供指导性意见与建议并提供配套的基础设施与财政资金支持。同时积极推进相关高校与科研院所的行政体制改革，在组织与管理运行机制方面减少相关限制，促进高校科研院所与涉农企业展开多种形式的合作以实现科技成果的转化。

第二，要健全相关创新成果的知识产权保护制度与管理。政府要从促进创新成果的法律保护与协调不同市场主体利益、促进协作实践角度对现有的知识产权保护制度进行完善，在政府实际的工作中发挥知识产权法律在协作创新管理机制中的基础地位，即有利于实现对科技成果的保护以及形成良好的协作创新氛围，又能够促进政策实施的长期性与稳定性，避免由于外部因素使得农业产业协作生态系统整体发展方向错位。

第三，设置专门化职能部门或领导小组对农业协作相关事宜进行指导与管理，融合不同行政部门职能形成综合化、专业化的管理部门，在农业产业创新培育、协作平台建设、区域农业协作等方面进行协调与指导，明确各职能部门的职责。在此过程中，完善相关基础设施建设，设立协同创新引导基金，建设基础性研究试验基地与现代农业产业基地等，为农业数字化转型提供财政、技术与硬件支持。

7.4.2　大力提升农业生产经营主体的管理能力

涉农相关企业、合作社角度，目前有一定数量的农业企业或合作社建立时间晚，发展速度慢，内部的企业管理制度相对不健全，不利于其日常的科学管理与产业协作实践的开展。因此涉农企业与合作社需要在内部建立完善的现代企业管理制度，引进专业的科研与管理团队，提高企业的管理水平。在生产经营实践中对自身内部职能部门设置、财务管理制度、人力招聘与管理制度等摸索建设。对于有一定规模、制度建设较为完善的涉农企业，则需要将数字技术引入至内部管理制度中，提高企业内部数字化管理水平，提高运营效率、降低综合管理成本。此外，农业企业需要在企业内部培育数字化研发与协作创新的良好氛围，一方面，将产学研协作创新实践制度化，形成管理过程的标准，促进产业协作；另一方面，则需要在企业内部形成专门化的研发团队，引进专门人才或与外部技术企业、高校等展开技术合作，促进数字农业相关技术成果的研发生产，具有一定技术基础能力，从而为产学研协作与数字技术的承接做好准备。

7.4.3　推进高校与科研机构等协作生态系统主体的管理机制建设

从高校与科研院所角度，为了更好促进自身农业科研水平提高与相关技术成果的转化，需要在积极参与产学研协作实践基础上，完善自身行政管理机制与创新激励与考核机制建设，促进高校与科研院所积极投入到产学研相关协作中。具体来看，要从如下方面建议完善和建设。

第一，建立高校与科研院所学科协同与跨学科人才培养机制。在数字农业发展的背景下，仅依靠单一学科发展难以支撑起全面协作的农业数字化转型实践，需要不同学科间的知识协同与研究人才的交流培养，从而促进跨学科创新成果的出现，贴合数字转型实践。因此高校与科研院所需要建立学科协同与跨学科人才培养机制，鼓励跨学科交叉研究与前沿数字技术的协作研究，支持来自不同学科、不同团队与不同学科背景的研究人员展开学术交流与科研实践，促进一些研究项目朝向市场导向与实践导向发展，以企业与市场的实际需求为出发点，积极与相关主体展开合作，形成一批可落地且有竞争力的技术成果。

第二，健全创新考核与激励机制，鼓励技术创新成果的应用与实践，破除传统绩效考核中"唯论文论""唯专利数量论"的局限，将创新实践与校企合作实践的相关成果也纳入绩效考核指标中，形成实践化的研究导向。另外在激励机制建设上，对于做出突出技术创新与管理能力较强的人才，要给予及时、公平且充分的奖励，并为相关研究提供支持。

第三，促进内部行政制度改革，特别是对农业校企合作企业、产业园等行政管理上，要坚持市场导向，避免"一刀切"现象，从而促进高校与科研院所积极参与农业技术的商业化实践，减少行政干预与限制，鼓励内部人才以市场导向参与农业协作。

除了上述的农业协作生态系统主体外，农业协作生态系统的其他市场主体也需要针对自身角色、作用进行相关管理制度的建设。对于以数字经济提升农业协作生态系统绩效的管理机制建设需要多主体的深化协作，共同形成完善的、以市场为导向的科学管理机制。

| 第 8 章 |

结论与展望

8.1　研　究　结　论

数字经济时代利用数字技术重构基于价值共创共享的农业协作生态系统，业已成为落实乡村振兴和可持续发展战略的重要举措。通过农业协作生态系统发展农村经济具有世界普遍性，如日本休闲旅游农业协作生态系统、以色列循环经济农业协作生态系统、美国农工商一体化协作生态系统、荷兰以农业园区为平台的协作生态系统等。当前，数字技术重构农业协作生态系统模式、机理及绩效已成为全球研究热点。我国幅员辽阔，东中西部农村差异明显。数字经济提升各地农业协作生态系统绩效面临价值共创共享、生态环境保护、人文习俗传承和技术创新培育等机制异质性问题，存在重经济绩效轻人文、环境和技术绩效，重局部绩效轻综合绩效，重短期绩效轻长期绩效的现象。在数字经济和乡村振兴战略背景下，综合经济、环境、人文和技术因素对农业协作生态系统绩效进行评价研究，防止各地千篇一律地简单复制数字技术改造农业生态系统模式，对增强乡村振兴内涵、实现乡村高质量和可持续发展具有重大理论价值和现实意义。

在当前的经济环境下，企业已经不是独立自主的竞争主体，而是高度互相依赖、互相协作的竞争网络中的一部分（Mukhopadhyay and Bouwman，2018）。商业竞争已经从单个企业之间的竞争转变为商业生态系统层面的竞争。在一个商业生态系统内，需要更多的协作策略解决商业不可持续性的相关问题（Tencati and Zsolnai，2009）。事实上，企业想要提高自身的生存能力，需要在顾客、市场、产品与服务、过程、组织、风险承担者、政府和社会七个维度构建竞争优势，且与外部环境协同进化（Moore，1993）。协作是企业寻求长期发展的途径（Camarinha-Matos and Afsarmanesh，2006；Tencati and Zsolnai，2009），更是 CBE 的核心所在（Baldissera and Camarinha-Matos，2016），更多的主体参与商业生态圈的共建，推动各主体之间的联系与协作，实现优势互补、互利互惠，才能为整个商业生态系统创造可持续的价值。国外学者对产业协作生态系统理论内涵、协作机理和绩效评估体系作了大量探索性研究，但多以案例归纳研究为主。国内学者从环境保护、产业集群和乡村振兴等方面展开研究，积累了大量可资借鉴的成果。本书以数字经济背景下农业协作生态系统绩效建设为突破口，重点研究国内外数字经济提升农业协作生态系统绩效的不同模式、演化轨迹、空间差异、绩效形成动因与关键要素、绩效评价指标体系、动态评价模型、绩效提升路径、推进机制和保障机制。通过本书的研究，得出了如下研究结论。

（1）数字经济背景下农业数字化转型受到多重因素的驱动，是一个生产数字化与消费数字化集成的农业生态及商业生态全价值链开放闭环系统。

要对数字经济背景下的农业协作生态系统进行科学的绩效评价，就必须明确数字经济驱动形成的农业数字化转型的整体战略框架与模式，并从中综合和提炼出基于数字经济驱动的农业协作生态系统的要素和绩效评价的内在指标体系。本书通过检索梳理国内外有关产业链理论、产业融合理论、乡村振兴、协作生态系统理论、绩效评价理论等研究文献，借助 Nvivo 软件运用综合比较法开展文本分析，把握研究动态和演进趋势，以创新生态系统理论为核心理论基础，结合协同创新理论的基本思想，从数字农业经济系统供给侧和需求侧匹配平衡发展的视角，在明确农业数字化转型驱动机制的基础上，基于数字农业产前、产中、产后和涵盖农业上游、中游、下游的生产资料供给主体、经营主体、配套服务商、消费者的全价值链机制，构建了农业数字化转型的战略框架和实施路径，为新时期我国数字经济与农业发展的深度并促进农业产业数字化的全面发展提供了一定的理论基础和实践指导。

第一，基于创新生态系统的构成层次理论，农业数字化转型的驱动因素包含宏观层面的国家创新驱动、中观层面的产业创新驱动和微观层面的企业创新驱动，具有多维驱动因素，面临重要的战略机遇。具体包括国家政策制度支持、农业产业价值驱动、新型农业经营主体与科技企业发展的助推以及消费者对美好生活向往需求拉动，形成了从宏观制度→中观产业→微观企业和消费者需求有机统一的农业数字化转型的动力机制。

第二，作为中观层次的产业创新生态系统，农业数字化转型是一个生产数字化与消费数字化集成的农业生态及商业生态全价值链开放闭环系统，包括数字农业经济循环系统和价值链主体协同机制两大体系，并由此形成农业数字化转型的三大战略模块：一是由农业生产数字化和消费数字化构成的生产经营全过程数字化转型；二是围绕农业产业链上下游形成农业配套服务数字化转型；三是数字经济与农业深度融合的农业价值链延伸产业数字化发展，最终形成以生产经营全过程数字化转型为核心，以农业配套服务数字化转型和农业价值链延伸产业数字化发展为支撑的三维一体的数字化转型战略机制。

第三，在农业数字化转型的整体战略框架下，基于创新生态系统的国家、产业、企业层次理论和产业创新生态系统理论的多主体构成与交互作用机制，结合协同创新理论的基本思想，农业数字化转型要构建"环境—网络—主体—要素"协同创新四位一体实施路径机制，具体包括：营造农业数字化转型的协同创新环境，优化农业数字化转型的产业价值创新网络，增强农业数字化转型的价值主体间协同创新能力，强化农业数字化转型的协同创新要素支撑。

（2）数字经济提升农业协作生态系统绩效，呈现出农业协作生态系统主体通过协同创新驱动价值共创并提升农业协作生态系统的内在机理。

人工智能和物联网的快速发展和应用给企业带来了更多机会，同时也给农业产业的运营方式带来了革命性的影响。AI 和 IoT 逐渐成为商业协作生态系统的核心关键技术要素，基于 AI 和 IoT 的 CBE 为参与企业提供了广阔的空间。本书在数字经济背景下农业数字化转型的整体战略框架之下，以一家中国农业科技公司为例，系统呈现该公司基于 AI 和 IoT 的 CBE 的运行态势，深入研究 AI 和 IoT 技术影响 CBE 的机理逻辑，探索了参与企业协同实现价值共创的过程和模式，从而明晰数字经济提升农业协作生态系统绩效的内在机理，研究发现以下三点。

第一，农业企业在数字经济背景下通过协同创新实现价值共创以提升农业协作生态系统的绩效，包含开拓期、扩展期、领导期三个阶段，形成全生命周期内的商业生态系统创新过程。其中，开拓期是借助互联网信息技术，构建科技服务平台，为客户解决问题，开启价值创造的第一步；扩展期是通过吸引更多价值主体参与从而更好地实现价值协同和共创的过程，包括农业协作生态系统核心企业吸引更多追随者加入，构成商业生态系统的成员结构，以向客户提供完整的解决方案，通过传播商业概念来扩大生态系统，与供应商、合作伙伴合作，发展规模经济。各个参与者结合他们的资源和能力，增加生态系统的价值和绩效。领导期是农业协作生态系统核心企业以平台为依托，以客户为导向，通过公平的竞争机制和平台的开放体系吸引跟随者，推进商业生态系统的优化，并利用技术标准对系统中的相关方进行协调，成为连接商业生态系统成员的中心点和价值的主宰者，确定交易秩序，制定商业平台规则，使商业生态系统的成员和核心企业保持一致，从而实现对商业生态系统的全面领导和农业协作生态系统绩效的全面实现。

第二，基于成本管控、风险识别与控制、污染治理和农产品品质提升等要素的价值共创是数字经济背景下农业协作生态系统参与企业形成 CBE 有机体系统的重要桥梁。案例研究表明，庆渔堂基于 A-I 技术整合形成的 CBE，利用技术分别与渔户、饲料公司、银行、保险、水产市场/餐饮企业和政府/公共组织构建了新型价值网，实现了在成本管控、风险识别与控制、水资源污染治理和渔业品质等多方面价值共创。

第三，数字经济提升农业协作生态系统绩效，是人工智能＋物联网的商业协作生态系统（A-I-CBE）的系统构建和运行过程，实现了技术升级与商业价值的有效统一。在数字经济提升农业协作生态系统绩效的过程中，人工智能＋物联网的商业协作生态系统参与企业间的合作越来越广泛和深入。AI 和 IoT 对 CBE 影响机理的研究结果表明，价值共创依然是 A-I-CBE 有效运行的关键模式，AI 和 IoT 成为 A-I-CBE 参与企业实现价值共创的核心技术纽带。由此，人工智能＋物联网的商业协作生态系统（A-I-CBE）的系统构建和运行，对市场具有更好的响应效率、更利于农业协作生态系统绩效的实现。

（3）数字经济提升农业协作生态系统的绩效包含经济效益、环境效益、社会人文效益和环境绩效多维指标，呈现出动态发展的演化过程。

面对数字经济的快速发展，农业协作生态系统企业需要培育和构建内嵌于数字化产业和产业数字化的数字化能力，从而适应数字经济发展对企业提出的能力要求，并形成基于数字经济演化发展的动态能力体系。本书从动态能力理论视角出发，在梳理现有相关文献的基础上，利用数据包络分析模型对我国典型的数字农业协作生态系统绩效进行评价，研究发现以下两点。

第一，数字经济提升农业协作生态系统的绩效评价指标，是一个包含经济效益、环境效益、社会人文效益和环境绩效在内的多维指标。数字经济提升农业协作生态系统的绩效包含经济效益、环境效益、社会人文效益以及技术效益方面设定评价指标。其中，经济效益和环境效益密不可分，通常会被放在一起考虑，社会人文效益多从数字乡村的公共文化角度来考虑，技术效益则与大数据、AI、物联网、区块链等有关。

第二，在实证研究上，本书借鉴有关文献研究的基础上选取固定资产净额、营业成本、员工人数、前五大客户销售额和数字化转型指数为投入指标，选取托宾Q值B、重点污染监控单位、企业社会责任CSR评级数据和研发投入占营业收入比例为产出指标。其中，固定资产净额、营业成本和员工人数用来反映公司的规模大小与资源消耗；前五大客户销售额用来反映公司的协作能力；数字化转型指数用来反映公司的数字化程度；托宾Q值B、重点污染监控单位、企业社会责任CSR评级数据和研发投入占营业收入比例则分别用来反映公司的经济、环境、社会和技术方面的绩效水平。实证研究结果表明，首先，在农业协作生态系统绩效演进过程中，通过工艺改进、进度管控、减少浪费、流程再造等方式，提升生产效益，改造企业经营管理水平，提高先进制造能力和科技创新能力，实现产品智能化、服务升级、增强市场竞争力。其次，数字农业应用创新的快速发展可能导致数字技术研发出现瓶颈，因此要重视数字技术发展，增强CBE思维能力，加大技术要素的投入力度，进而能促进数字农业协作生态系统全要素生产效率的增长。最后，数字农业协作生态系统的生产效率变化具有明显的波动性。当技术进步有力地推动全要素生产率增长时，就会出现技术效率下降对全要素生产率增长的不利影响。

（4）数字经济提升农业协作生态系统绩效，呈现出数字经济与农业协作生态系统、农业协作生态系统内部各要素两个层次相互耦合的互融共生模式，形成多维路径的驱动机制。

和谐共赢共生是产业协作生态系统的核心理念，在数字经济背景下，整个农业生态系统的协作共生表现得更加明显，形成了由内到外的互融共生机制。本书在对数字经济提升农业协作生态系统绩效进行内在机理和评价分析的基础上，构建了数字经济提升农业协作生态系统绩效的互融共生模式，并在该模式的顶层框架下，对数字经济提升农业协作生态系统绩效的实施路径与推进机制进行研究和设计，研究发现以下三点。

第一，数字经济通过对农业产业环境与生产要素的重构、主体关系和产业价值链重塑，驱动农业协作生态系统的动态演化并由此提升农业协作生态系统的绩效水平，从而形成数字经济与农业协作生态系统的内生耦合和互融发展，具体体现为两方面：首先，从内部层面上看，数字经济促进农业协作生态系统内主体、环境、产业、要素的动态演化，推动形成主体参与下的环境、产业、要素互融共生、协同演化的稳定局面；其次，从外部层面上看，主体、环境、产业、要素的互融共生发展促进了农业协作生态系统内人文绩效、环境绩效、技术绩效、经济绩效的提升，并创造农业协作生态系统各绩效之间的互融共生格局。上述两层面形成两层次的互融共生新格局：一是数字经济与农业协作生态系统的互融共生新格局，数字经济通过供需关系作用于农业协作生态系统，在促进农业协作生态系统数字化重塑以及农业产业数字化发展的基础上，实现数字经济对农业的高度渗透从而实现产业数字化，提升农业产业的数字经济占比；二是基于数字经济下的农业协作生态系统内部各要素的互融共生新格局，即数字经济背景下农业协作生态系统内主体、环境、产业、要素的协同发展与绩效提升形成良好补充、互融共生关系，同时农业协作生态系统内人文绩效、环境绩效、技术绩效、经济绩效之间也形成相互支持、相互促进的互融共生发展。

第二，基于数字经济提升农业协作生态系统绩效的互融共生模式，数字经济提升农业协作生态系统绩效的实现路径主要体现为系统内部层面和系统外部层面。其中，系统内部层面体现为数字经济推动形成环境、产业、要素协同进化的演化稳定局面，又具体包括环境层面、产业层面和要素层面。在环境层面，体现为通过培育良好的政策环境、市场环境、人文环境，为数字经济推动农业协作生态系统持续健康发展营造良好氛围；在产业层面，体现为聚焦数字经济背景下农业产业价值链与价值网的重构升级，探索数字经济助力下的农业协作生态系统的产业发展；在要素层面，体现为资源要素的融合渗透、优化配置，带动农业协作生态系统的持续健康发展。在系统外部层面，体现为环境、主体、产业的融合发展提升了经济绩效、技术绩效、社会人文绩效、环境绩效，并推动农业协作生态系统各子绩效间的互融共生。

第三，为了更好地形成数字经济提升农业协作生态系统绩效的共生模式和实现路径，农业协作生态系统绩效的提升，还需要围绕数字技术重构、环境协同、价值共享、农耕文化传统协同四方面，来构建数字经济提升农业协作生态系统绩效的推进机制。

（5）数字经济提升农业协作生态系统绩效的实施，要构建"政策—技术—市场—管理"的四位一体保障机制。

在农业数字化转型的整体战略框架下，基于创新生态系统的国家、产业、企业层次理论和产业创新生态系统理论的多主体构成与交互作用机制，结合协同创新理论的基本思想，数字经济提升农业协作生态系统绩效的实施还要构建"政策—技术—市场—管理"协同创新四位一体实施路径机制。

第一，政策保障机制。构建以政策为主体、产业扶持为引导、农村金融支持和社会资本参与的政策保障机制，营造农业数字化转型的协同创新环境。具体包括加强对农业企业的政策扶持力度、加大农村数字基础设施建设的政策支持、完善培育农业人才和新型经营主体的配套政策。

第二，数字技术创新保障。对与当地农业生态特性相融合的数字技术创新进行优先培育，优化农业数字化转型的产业价值创新网络，形成"市场—政府"联动协同创新培育机制，具体包括：营造良好的数字技术创新环境、推动数字技术和农业农村的深度融合、强化农业数字技术的协同攻关与创新。

第三，市场主体多元协作保障。在数字经济提升农业协作生态系统的发展和实施过程中，要坚持以市场为导向，发挥市场在资源配置中的决定性作用，充分激活市场要素、主体，实现乡村汇集更多的资源要素，推进数字经济提升农业协作生态系统绩效，具体包括：不同地区农业产业链的协作、农业产业链上下游企业之间的协作、政府—高校—科研机构—企业之间的产学研协作、农业协作生态系统与数字经济其他主体的协作。

第四，组织管理保障。我国农业数字化转型过程中在资源配置、利益分配与成果管理方面要求不同的市场主体，如企业、政府、高校科研院所，在满足主体间协作基础上建立相关的管理机制，形成对农业协作生态系统的全面把握与合理管理，带动整个协作生态系统协作行为的长期健康发展。不同主体要根据自身在农业协作生态的角色、作用等，建立科学化、系统化的组织管理机制，具体包括：充分发挥政府的引导和指导作用、大力提升农业生产经营主体的管理能力、推进高校与科研机构等协作生态系统主体的管理机制建设。

8.2　研究局限与展望

本书在 EES 框架基础上，增加技术维度进行扩展，构建了 EEST 绩效评估模型；然后基于差异系数和循环修正思想构建了数字技术提升农业协作生态系统绩效的指标体系；最后对绩效进行动态评价和实证分析。即学术思想具有较强的创新性。在内容中提出了互融共生生态融合模型（经济—环境—人文—技术）和四位一体保障机制（政策—技术—市场—管理），相关结论和观点具有一定创新性。在方法中结合案例分析，首先综合运用模糊聚类、DEA 模型、因子分析等方法对绩效进行评价；其次采用 Spearman 方法对评价结果进行一致性检验；再次利用平均值法、Boarda 法等对结果进行修正，构建了动态评价模型；最后利用空间自回归计量模型、耦合度协调模型和灰色模型进行实证分析，方法更具系统性。

尽管数字农业发展迅猛，但其协作生态系统的搭建和运营仍面临一些挑战，对于数字经济背景下农业生态协作系统绩效评价与实施路径的研究，目前存在一些本书未涉及的局限性。首先，制度设计和政策支持：数字农业协作涉及多方合作和资源共享，需要建立相关制度和政策来推动协作发展。目前对于数字农业协作生态系统的制度设计和政策支持研究还相对不足。其次，技术标准和平台建设：数字农业协作需要统一的技术标准和协作平台，以确保信息互通和数据共享。然而，目前对于数字农业协作的技术标准和平台建设的研究还较少。最后，风险管理和隐私保护：数字农业协作涉及数据的共享和交换，同时也面临一些风险和隐私问题。研究还需要更多关注数字农业协作中的风险管理和隐私保护措施。因此，对于数字农业生态系统的研究，可从以下方面进一步展开。首先，多学科交叉研究：数字农业协作涉及农业、信息技术、社会学等多个学科领域，未来需要加强多学科的交叉研究，以更好地理解和推动数字农业协作的发展。其次，实证研究和案例分析：未来可以通过实证研究和案例分析，深入研究数字农业协作的实施路径和效果，为实际应用提供指导和经验。最后，创新机制和商业模式：数字农业协作需要探索创新的机制和商业模式，以实现利益共享和可持续发展。未来可以进一步研究数字农业协作的创新机制和商业模式。

参考文献

［1］曹祎遐，高文婧．企业创新生态系统结构发凡［J］．改革，2015（4）：135－141.

［2］陈劲，黄海霞，梅亮．基于嵌入性网络视角的创新生态系统运行机制研究——以美国 DARPA 创新生态系统为例［J］．吉林大学社会科学学报，2017，57（2）：86－96，206.

［3］陈斯琴，顾力刚．企业技术创新生态系统分析［J］．科技管理研究，2008（7）：453－454，447.

［4］陈向东，刘志春．基于创新生态系统观点的我国科技园区发展观测［J］．中国软科学，2014（11）：151－161.

［5］陈晓东，杨晓霞．数字化转型是否提升了产业链自主可控能力？［J］．经济管理，2022，44（8）：23－39.

［6］陈衍泰，孟媛媛，张露嘉，等．产业创新生态系统的价值创造和获取机制分析——基于中国电动汽车的跨案例分析［J］．科研管理，2015，36（S1）：68－75.

［7］陈阳．基于协同理论的秦巴山区乡村产业与空间耦合机制研究［D］．西安：长安大学，2021.

［8］陈耀，赵芝俊，高芸．中国区域农业科技创新能力排名与评价［J］．技术经济，2018，37（12）：53－60.

［9］陈昀，贺远琼，周振红．研究型大学主导的区域创新生态系统构建研究［J］．科技进步与对策，2013，30（14）：32－36.

［10］崔淼，李万玲．商业生态系统治理：文献综述及研究展望［J］．技术经济，2017，36（12）：53－62，120.

［11］戴建平，骆温平．流程协同下供应链价值创造研究——基于物流

企业与供应链成员多边合作的视角［J］．技术经济与管理研究，2017（2）：3－7．

［12］戴艳萍，胡冰．基于协同创新理论的文化产业科技创新能力构建［J］．经济体制改革，2018（2）：194－199．

［13］邓元慧，欧国立，邢虎松．城市群形成与演化：基于演化经济地理学的分析［J］．科技进步与对策，2015，32（6）：45－50．

［14］都晓岩，卢宁．论提高我国渔业经济效益的途径———一种产业链视角下的分析［J］．中国海洋大学学报（社会科学版），2006（3）：10－14．

［15］杜德斌．全球科技创新中心———动力与模式［M］．上海：上海人民出版社，2015，2．

［16］杜勇宏．基于三螺旋理论的创新生态系统［J］．中国流通经济，2015，29（1）：91－99．

［17］冯子纯，李凯杰．"政银企＋N"资产收益扶贫模式运行分析———以牧原生猪养殖产业链为例［J］．农村经济，2021（2）：68－76．

［18］付燕荣，邓念，彭其渊，等．协同学理论与应用研究综述［J］．天津职业技术师范大学学报，2015（1）：44－47．

［19］高其腾．协同观下的商业步行街中心节点空间设计研究［D］．重庆：重庆大学，2011．

［20］耿晶晶，刘莉．商业生态系统中核心企业财务绩效评价［J］．管理现代化，2019，39（3）：67－69．

［21］郭建峰，王莫愁，刘启雷．数字赋能企业商业生态系统跃迁升级的机理及路径研究［J］．技术经济，2022，41（10）：138－148．

［22］韩炜，邓渝．商业生态系统研究述评与展望［J］．南开管理评论，2020，23（3）：14－27．

［23］何清华，杨德磊，张兵，等．组织效能研究的动态演化分析———基于内涵与发展视角研究［J］．软科学，2015，29（9）：76－80．

［24］贺祚琛．智慧农业背景下农业4.0产业链模式及发展对策［J］．农业经济，2022（11）：20－22．

［25］赫尔曼·哈肯．协同学：大自然构成的奥秘［M］．上海：上海译文出版社，2005．

［26］胡斌，章仁俊．企业生态系统的动态演化机制研究［J］．世界标准化与质量管理，2008（8）：4－8．

［27］黄群慧，倪红福．基于价值链理论的产业基础能力与产业链水平提升研究［J］．经济体制改革，2020（5）：11－21．

［28］黄溶冰．国家审计的威慑性、回应性和预防性的协同效应［J］．系统管理学报，2017，26（1）：28－34．

［29］惠兴杰，李晓慧，罗国锋，等．创新型企业生态系统及其关键要素——基于企业生态理论［J］．华东经济管理，2014，28（12）：100－103．

［30］季凯文，孔凡斌．中国生物农业上市公司技术效率测度及提升路径——基于三阶段 dea 模型的分析［J］．中国农村经济，2014（8）：42－57，75．

［31］姜长云，杜志雄．关于推进农业供给侧结构性改革的思考［J］．南京农业大学学报（社会科学版），2017，17（1）：1－10，144．

［32］姜学民．生态经济效益原理再探［J］．生态经济，1990（1）：1－4．

［33］蒋国俊，蒋明新．产业链理论及其稳定机制研究［J］．重庆大学学报（社会科学版），2004（1）：36－38．

［34］蒋石梅，吕平，陈劲．企业创新生态系统研究综述——基于核心企业的视角［J］．技术经济，2015，34（7）：18－23，91．

［35］蒋云霞，肖华茂．基于生态经济学的产业集群综合绩效评价体系研究［J］．企业经济，2009（8）：59－61．

［36］解学梅，王宏伟．开放式创新生态系统价值共创模式与机制研究［J］．科学学研究，2020，38（5）：912－924．

［37］金建东，徐旭初．数字农业的实践逻辑、现实挑战与推进策略［J］．农业现代化研究，2022，43（1）：1－10．

［38］靳永翥，丁照攀．贫困地区多元协同扶贫机制构建及实现路径研究——基于社会资本的理论视角［J］．探索，2016（6）：78－86．

［39］孔令英，李媛彤．互联网背景下农村共享经济商业模式研究——基于多案例分析［J］．农业经济，2019（12）：123－124．

［40］李东，刘开强，毕建新．基于协同理论的"互联网＋科研信息服务"创新研究：以国家自然科学基金为例［J］．中国科学基金，2019，33

（4）：356 - 362.

［41］李飞星，叶云，张光宇．数据价值链构件及其作用机理——基于数字技术促进农业产业的案例［J］．科技管理研究，2022，42（11）：108 - 115.

［42］李海艳．数字农业创新生态系统的形成机理与实施路径［J］．农业经济问题，2022（5）：49 - 59.

［43］李海婴，翟运开，万守杰．论产业集群与虚拟企业的协同发展［J］．科技管理研究，2005（2）：73 - 75.

［44］李彤．提升农民职业化水平，推进农业高质量发展——评《职业农民：源起、成长与发展》［J］．农业经济问题，2020（1）：143.

［45］李万，常静，王敏杰，等．创新 3.0 与创新生态系统［J］．科学学研究，2014，32（12）：1761 - 1770.

［46］李宪印，刘忠花，于婷．中国生态农业上市公司技术效率测度及政策研究——基于面板数据的实证分析［J］．中国软科学，2016（7）：162 - 171.

［47］李振国．区域创新系统演化路径研究：硅谷、新竹、中关村之比较［J］．科学学与科学技术管理，2010，31（6）：126 - 130.

［48］李钟文．硅谷优势：创新与创业精神的栖息地［M］．北京：人民出版社，2002：2.

［49］林青宁，孙立新，毛世平．中国农业企业科技成果转化效率测算与分析——基于网络超效率 sbm 模型［J］．科技管理研究，2020，40（8）：52 - 58.

［50］林婷婷．产业技术创新生态系统研究［D］．哈尔滨：哈尔滨工程大学，2012.

［51］刘贵富．产业链运行机制模型研究［J］．财经问题研究，2007（8）：38 - 42.

［52］刘西涛，王盼．乡村振兴视角下农产品全产业链流通模式构建及协同发展策略［J］．商业经济研究，2021（11）：122 - 125.

［53］刘雪芹，张贵．创新生态系统：创新驱动的本质探源与范式转换［J］．科技进步与对策，2016，33（20）：1 - 6.

［54］刘阳，冯阔，俞峰．新发展格局下中国产业链高质量发展面临的困境及对策［J］．国际贸易，2022（9）：20－29，40．

［55］刘洋，魏江，江诗松．后发企业如何进行创新追赶？——研发网络边界拓展的视角［J］．管理世界，2013（3）：96－110，188．

［56］刘元胜．农业数字化转型的效能分析及应对策略［J］．经济纵横，2020（7）：106－113．

［57］刘志彪．产业链现代化的产业经济学分析［J］．经济学家，2019（12）：5－13．

［58］柳卸林，孙海鹰，马雪梅．基于创新生态观的科技管理模式［J］．科学学与科学技术管理，2015，36（1）：18－27．

［59］吕庆平．基于协同效应的PPP项目风险分担、激励和监督惩罚模型研究［D］．成都：西南交通大学，2017．

［60］罗国锋，林笑宜．创新生态系统的演化及其动力机制［J］．学术交流，2015（8）：119－124．

［61］罗嘉．我国金融监管协同机制研究［D］．长沙：湖南大学，2010．

［62］马威，张人中．数字金融的广度与深度对缩小城乡发展差距的影响效应研究——基于居民教育的协同效应视角［J］．农业技术经济，2021（2）：1－15．

［63］毛世平，张琳，何龙娟，等．我国农业农村投资状况及未来投资重点领域分析［J］．农业经济问题，2021（7）：47－56．

［64］毛世平．技术效率理论及其测度方法［J］．农业技术经济，1998（3）：38－42．

［65］苗成林，冯俊文，孙丽艳，等．基于协同理论和自组织理论的企业能力系统演化模型［J］．南京理工大学学报，2013，37（1）：192－198．

［66］苗红，黄鲁成．区域技术创新生态系统健康评价研究［J］．科技进步与对策，2008（8）：146－149．

［67］苗强，张恒，严幸友．大规模制造产业网状结构价值链数字生态理论研究构想［J］．工程科学与技术，2022，54（6）：1－11．

［68］欧忠辉，朱祖平，夏敏，等．创新生态系统共生演化模型及仿真研究［J］．科研管理，2017，38（12）：49－57．

［69］潘苏楠，李北伟，聂洪光．我国新能源汽车产业可持续发展综合评价及制约因素分析——基于创新生态系统视角［J］．科技管理研究，2019，39（22）：41－47．

［70］彭国甫．地方政府公共事业管理绩效评价指标体系研究［J］．湘潭大学学报（哲学社会科学版），2005（3）：16－22．

［71］钱程．基于协同理论的农业科技信息服务体系研究［D］．合肥：安徽大学，2013．

［72］秦雪冰．创新生态系统理论视角下的智能广告产业演化研究［J］．当代传播，2022（2）：67－69．

［73］任迎伟，胡国平．产业链稳定机制研究——基于共生理论中并联耦合的视角［J］．经济社会体制比较，2008（2）：180－184．

［74］任玉霜，吕康银．农业经营户产业链结构、市场比较优势与产业链融资［J］．统计与决策，2020，36（22）：81－85．

［75］芮明杰，刘明宇．产业链整合理论述评［J］．产业经济研究，2006（3）：60－66．

［76］商漱莹，陈泽明，邱兆学．农业企业技术创新及绩效管理研究［J］．农业技术经济，2020，305（9）：144．

［77］沈满洪．生态经济学的定义、范畴与规律［J］．生态经济，2009（1）：42－47，182．

［78］宋华，陈思洁，于亢亢．商业生态系统助力中小企业资金柔性提升：生态规范机制的调节作用［J］．南开管理评论，2018（3）．

［79］孙晓，夏杰长．产业链协同视角下数智农业与平台经济的耦合机制研究［J］．社会科学战线，2022（9）：92－100．

［80］孙新波，孙浩博．数字时代商业生态系统何以共创价值——基于动态能力与资源行动视角的单案例研究［J］．技术经济，2022，41（11）：152－164．

［81］陶婷婷，郭永海，张秋，等．先进制造业集群网络化协作模式探索——以苏州、无锡、南通高端纺织集群为例［J］．现代管理科学，2021（3）：49－56．

［82］汪旭晖，赵博，王新．数字农业模式创新研究——基于网易味央

猪的案例［J］. 农业经济问题，2020（8）：115 – 130.

［83］汪怡，刘晓云，何军. 基于商业生态视角的电子商务服务平台竞争力评价研究［J］. 情报科学，2014（6）.

［84］王克响，郑玉洁，崔海龙. 北大荒集团粮食产业链增值模式研究［J］. 山东农业科学，2022，54（10）：166 – 172.

［85］王立元，朱根华，吴晓明. 生物医药产业集群发展趋势与对策——以江西省为例［J］. 企业经济，2016，35（2）：153 – 157.

［86］王敏. 城市风貌协同优化理论与规划方法研究［D］. 武汉：华中科技大学，2012.

［87］王瑞妮. 协同治理模式下的大学生村官需求表达机制探索［J］. 安徽农业科学，2010，38（22）：12148 – 12150.

［88］王馨竹. 创新引擎企业的识别与演化机理研究［D］. 上海：华东师范大学，2015.

［89］王展昭，唐朝阳. 基于全局熵值法的区域创新系统绩效动态评价研究［J］. 技术经济，2020，39（3）：155 – 168.

［90］王志刚，于滨铜. 农业产业化联合体概念内涵、组织边界与增效机制：安徽案例举证［J］. 中国农村经济，2019（2）：60 – 80.

［91］魏江，赵雨菡. 数字创新生态系统的治理机制［J］. 科学学研究，2021，39（6）：965 – 969.

［92］魏权龄. 数据包络分析（DEA）［J］. 科学通报，2000.

［93］魏薇，施筱雯，张骋，等. 新型城乡关系下乡村社会景观与空间景观的协同规划——以杭州市小古城村为例［J］. 建筑与文化，2017（3）：172 – 173.

［94］吴菲菲，童奕铭，黄鲁成. 中国高技术产业创新生态系统有机性评价——创新四螺旋视角［J］. 科技进步与对策，2020，37（5）：67 – 76.

［95］吴金明，邵昶. 产业链形成机制研究——"4 + 4 + 4"模型［J］. 中国工业经济，2006（4）：36 – 43.

［96］吴陆生，张素娟，王海兰，等. 科技创新生态系统论视角研究［J］. 科技管理研究，2007（3）：30 – 32.

［97］吴彦艳. 产业链的构建整合及升级研究［D］. 天津：天津大学，2009.

［98］伍春来，赵剑波，王以华．产业技术创新生态体系研究评述［J］．科学学与科学技术管理，2013，34（7）：113－121.

［99］武学超．五重螺旋创新生态系统要素构成及运行机理［J］．自然辩证法究，2015，31（6）：50－53.

［100］夏蜀，刘志强．中国情境下的产业链金融：理论框架与实践议程［J/OL］．云南社会科学，2022（6）：68－77.

［101］谢康，易法敏，古飞婷．大数据驱动的农业数字化转型与创新［J］．农业经济问题，2022（5）：37－48.

［102］辛翔飞，王济民．乡村振兴下农业振兴的机遇、挑战与对策［J］．宏观经济管理，2020（1）：28－35.

［103］徐梦周，王祖强．创新生态系统视角下特色小镇的培育策略——基于梦想小镇的案例探索［J］．中共浙江省委党校学报，2016，32（5）：33－38.

［104］徐琼．技术效率与前沿面理论评述［J］．财经论丛（浙江财经学院学报），2005（2）：29－34.

［105］薛领，胡孝楠，陈罗烨．新世纪以来国内外生态农业综合评估研究进展［J］．中国人口·资源与环境，2016，26（6）：1－10.

［106］颜永才．产业集群创新生态系统的构建及其治理研究［D］．武汉：武汉理工大学，2013.

［107］杨荣．创新生态系统的功能、动力机制及其政策含义［J］．科技和产业，2013，13（11）：139－145，172.

［108］杨秀云，李敏，李扬子．我国文化产业空间集聚的动力、特征与演化［J］．当代经济科学，2021，43（1）：118－134.

［109］杨印生，张充．基于DEA-benchmarking模型的农业上市公司投资绩效分析［J］．农业技术经济，2009（6）：91－95.

［110］姚艳虹，高晗，昝傲．创新生态系统健康度评价指标体系及应用研究［J］．科学学研究，2019，37（10）：1892－1901.

［111］叶俊．我国基本医疗卫生制度改革研究［D］．苏州：苏州大学，2016.

［112］易加斌，李霄，杨小平，等．创新生态系统理论视角下的农业数

字化转型：驱动因素、战略框架与实施路径［J］.农业经济问题，2021
（7）：101 –116.

［113］游振华，李艳军.产业链概念及其形成动力因素浅析［J］.华东
经济管理，2011，25（1）：100 –103.

［114］余菲菲.联盟组合多样性对技术创新路径的影响研究——基于科
技型中小企业的跨案例分析［J］.科学学与科学技术管理，2014，35（4）：
111 –120.

［115］袁久和，祁春节.基于熵值法的湖南省农业可持续发展能力动态
评价［J］.长江流域资源与环境，2013，22（2）：152 –157.

［116］曾福生，高鸣.我国各省区现代农业发展效率的比较分析——基
于超效率 dea 及 malmquist 模型的实证分析［J］.农业经济与管理，2012
（4）：38 –44，49.

［117］曾国屏，苟尤钊，刘磊.从"创新系统"到"创新生态系统"
［J］.科学学研究，2013，31（1）：4 –12.

［118］张合林，孙诗瑶.不同市场化程度下我国农地资源保护绩效实证
分析［J］.郑州大学学报（哲学社会科学版），2015，48（6）：88 –92.

［119］张洪，鲁耀斌，张凤娇.价值共创研究述评：文献计量分析及知
识体系构建［J］.科研管理，2021，42（12）：88 –99.

［120］张晖，张德生.产业链的概念界定——产业链是链条、网络抑或
组织?［J］.西华大学学报（哲学社会科学版），2012，31（4）：85 –89.

［121］张立荣，冷向明.协同治理与我国公共危机管理模式创新——基
于协同理论的视角［J］.华中师范大学学报（人文社会科学版），2008（2）：
11 –19.

［122］张仁开.上海创新生态系统演化研究［D］.上海：华东师范大
学，2016.

［123］张淑莲，刘冬，高素英，等.京津冀医药制造业产业协同的实证
研究［J］.河北经贸大学学报，2011，32（5）：87 –92.

［124］张铁男，罗晓梅.产业链分析及其战略环节的确定研究［J］.工
业技术经济，2005（6）：77 –78.

［125］张文红.商业生态系统健康评价方法研究［J］.管理现代化，

2007 (5)：40-42, 30.

[126] 张香玲，李小建，朱纪广，等．河南省农业现代化发展水平空间分异研究 [J]．地域研究与开发，2017, 36 (3)：142-147.

[127] 张蕴萍，栾菁．数字经济赋能乡村振兴：理论机制、制约因素与推进路径 [J]．改革，2022 (5)：79-89.

[128] 赵放，曾国屏．多重视角下的创新生态系统 [J]．科学学研究，2014, 32 (12)：1781-1788, 1796.

[129] 赵佳荣．农民专业合作社"三重绩效"评价模式研究 [J]．农业技术经济，2010 (2)：119-127.

[130] 赵进．产业集群生态系统的协同演化机理研究 [D]．北京：北京交通大学，2011.

[131] 赵湘莲，王娜．商业生态系统核心企业绩效评价研究 [J]．统计与决策，2008 (7).

[132] 钟琦，杨雪帆，吴志樵．平台生态系统价值共创的研究述评 [J]．系统工程理论与实践，2021, 41 (2)：421-430.

[133] 周大铭．企业技术创新生态系统运行研究 [D]．哈尔滨：哈尔滨工程大学，2012.

[134] 周建松，郭福春．民营经济与地方性商业银行协同发展——浙商银行成立与运行状况引发的思考 [J]．金融研究，2005 (5)：111-119.

[135] 周路明．关注高科技"产业链" [J]．深圳特区科技，2001 (6)：10-11.

[136] Adner R, Kapoor R. Value creation in innovation ecosystems: how the structure of technological interdependence affects firm performance in new technology generations [J]. Strategic Management Journal, 2010, 31 (3)：306-333.

[137] Adner R. Match your innovation strategy to your innovation ecosystem [J]. Harvard business review, 2006, 84 (4)：98.

[138] Aguuinaga E, Henriques I, Scheel C, et al. Building resilience: a self-sustainable community approach to the triple bottom line [J]. Journal of Cleaner Production, 2017, 142：1-11.

[139] Ansoff I. Corporate Strategy [M]. New York：McGraw Hill, 1965.

［140］Attour A and Barbaroux P. The role of knowledge processes in a business ecosystem's lifecycle ［J］. Journal of the Knowledge Economy, 2016: 1 – 18.

［141］Autio E, Thomas W. The Oxford Handbook of Innovation Management ［M］. London: Oxford Press, 2014.

［142］Baldissera T A and Camarinha-matos L M. Towards a Collaborative Business Ecosystem for Elderly Care ［J］. Technological Innovation for Cyber-Physical Systems, 2016: 24 – 34.

［143］Basloe R C. Visualization of interfirm relations in a converging mobile ecosystem ［J］. Journal of Information Technology, 2009, 24 (2): 144 – 159.

［144］Beltagui A, Rosli A, Candi M. Exaptation in a digital innovation ecosystem: The disruptive impacts of 3D printing ［J］. Research Policy, 2020, 49 (1): 103833.

［145］Bharadwaj A, Sawy O A E, Pavlou P A, et al. Digital Business Strategy: Toward a Next Generation of Insights ［J］. Mis Quarterly, 2013, 37, (2): 471 – 482.

［146］Borgh M, Cloodt M, Romme A G L. Value creation by knowledge-based ecosystems: evidence from a field study ［J］. R&D management, 2012, 42 (2): 150 – 169.

［147］Camarinha-Matos L M and Afsarmanesh H. Collaborative networks: a new scientific discipline ［J］. Journal of Intelligent Manufacturing, 2018, 52: 439 – 452.

［148］Camarinha-Matos L M and Afsarmanesh H. Collaborative networks: Value creation in a knowledge society ［J］. Knowledge Enterprise: Intelligent Strategies In Product Design, Manufacturing, and Management, 2006, 207: 26 – 40.

［149］Campion A. Cracking the nut: Promoting agricultural technology adoption and resilience ［C］. 2018.

［150］Caves D, Christensen L, Diewert W. The economic theory of index numbers and the measurement of input, output, and productivity ［J］. Econometrica, 1982, 50 (6): 1393 – 1494.

[151] Charnes A, Cooper W W, Rhodes E. Measuring the efficiency of decision making units [J]. European Journal of Operational Research, 1978, 2 (6): 429 – 444.

[152] Chen J, Liu X, Hu Y. Establishing a CoPs-based innovation ecosystem to enhance competence- the case of CGN in China [J]. International Journal of technology management, 2016, 72 (1 – 3): 144 – 170.

[153] Clarkson, Max E. A stakeholder framework for analyzing and evaluating corporate social performance [J]. Academy of management review, 1995: 92 – 117.

[154] Da Mota Pedrosa A, Välling M and Boyd B. Knowledge related activities in open innovation: managers' characteristics and practices [J]. International Journal of Technology Management, 2017, 61 (3): 254 – 273.

[155] David J Teece. Explicating Dynamic Capabilities: The Nature and Microfoundations of (Sustainable) Enterprise Performance [J]. Strategic Management Journal, 2007, 28 (13): 1319 – 1350.

[156] Freeman, R. E. Strategic management: A stakeholder approach [M]. Boston: Pitman, 1984.

[157] Gawer A and Cusumano M A. Industry platforms and ecosystem innovation [J]. Journal of Product Innovation Management, 2014, 34: 417 – 433.

[158] Hellstrom M, Tsvetkova A, Gustafsson M, et al. Collaboration mechanisms for business models in distributed energy ecosystems [J]. Journal of Cleaner Production, 2015, 102: 226 – 236.

[159] Holm A B, Günzel F and Ulhøi J P. Openness in innovation and business models: lessons from the newspaper industry [J]. International Journal of Technology Management, 2017, 63: 324 – 348.

[160] Iaksch J, Fernandes E, Borsato M, et al. Digitalization and Big data in smart farming-a review [J]. Journal of Management Analytics, 2021, 8 (2): 333 – 349.

[161] Iansiti M, Levien R. Strategy as cology [J]. Harvard business re-

view, 2004, 82 (3): 68 – 81.

[162] Iansiti M, Levien R. Strategy as ecology. [J]. Harvard business review, 2004, 82 (3): 68 – 81.

[163] Iansiti M, Levien R. The keystone advantage: What the new dynamics of business ecosystems mean for strategy, innovation, and sustainability [M]. Harvard business press, 2004.

[164] Jonathan Wareham, Paul B, et al. Technology Ecosystem Governance [J]. Organization Science, 2014, 25 (4): 1195 – 1215.

[165] Kamilaris A, Kartakoullis A, Prenafeta-Boldú F X. A review on the practice of big data analysis in agriculture [J]. Computers and Electronics in Agriculture, 2017, 143: 23 – 37.

[166] Kayano Fukuda, Chihiro Watanabe. Japanese and US perspectives on the National Innovation Ecosystem [J]. Technology in Society, 2007, 30 (1): 49 – 63.

[167] Lancker J V, Mondelaers K, Wauters E, et al. The Organizational Innovation System: A systemic framework for radical innovation at the organizational level [J]. Technovation, 2016 (52/53): 40 – 50.

[168] Liangtan Dou, Ying Sun, Lian She. Research on Efficiency of Collaborative Allocation System of Emergency Material Based on Synergetic Theory [J]. Systems Engineering Procedia, 2012, 5.

[169] Lim K, Chesbrough H and Ruan Y. Open innovation and patterns of R&D competition [J]. International Journal of Technology Management, 2017, 52 (3): 295 – 321.

[170] Li Y R. The technological radmap of Cisco's business ecosystem [J]. Technovation, 2009, 29 (5): 379 – 386.

[171] Michael T Hannan, John Freeman. The Population Ecology of Organizations [J]. American Journal of Sociology, 1977, 82 (5): 929 – 964.

[172] Miller M M H. The Cost of Capital, Corporation Finance and the Theory

of Investment [J]. The American Economic Review, 1958, 48 (3): 261 –297.

[173] Mitchell, Ronald K, Bradley R, et al. Toward a theory of stakeholder identification and salience: Defining the principle of who and what really counts [J]. Academy of management review, 1997: 853 –886.

[174] Moore J F. Predators and prey: a new ecology of competition [J]. Harvard Business Review, 1993, 71 (3): 75 –86.

[175] Moore J F. Business ecosystems and the view from the firm [J]. Antitrust bull, 2006, 51 (1): 31 –75.

[176] Moore J F. The rise of a new corporate form [J]. Washington quarterly, 1998, 21 (1): 167 –181.

[177] Mukhopadhyay S and Bouwman H. Multi-actor collaboration in platform-based ecosystem: opportunities and challenges [J]. Journal of Information Technology Case and Application Research, 2018: 1 –8.

[178] Nambisan S and Baron R A. Entrepreneurship in innovation ecosystems: entrepreneurs' self-regulatory processes and their implications for new venture success [J]. Entrepreneurship: Theory and Practice, 2014, V37 (5): 1071 –1097.

[179] Parker G, Van Alstyne M W, Jiang X. Platform ecosystems: How developers invert the firm [J]. MIS Quarterly, 2017, 41 (1): 255 –266.

[180] Paula Graça and Luís M. Camarinha-Matos, Performance indicators for collaborative business ecosystems—literature review and trends [J]. Technological Forecasting and Social Change, 2016, 34: 237 –255.

[181] Peltoniemi M and Vuori E. Business Ecosystem as the New Approach to Complex Adaptive Business Environments [R]. Paper presented at Frontier of E-business Research, Tampere, Finland, 2004.

[182] Pera R, Occhiocupo N, Clarke J. Motives and resources for value co-creation in a multi-stakeholder ecosystem: a managerial perspective [J]. Journal of Business Research, 2016, 69 (10): 4033 –4041.

[183] Perce L. Big losses in ecosystem niches: how core firm decisions drive complementary product shakeouts [J]. Strategic Management Journal, 2009, 30 (3): 323 – 347.

[184] Peter James Williamson. Arnoud De Meyer. Ecosystem Advantage: How to Successfully Harness the Power of Partners [J]. California Management Review, 2012, 55 (1): 24 – 46.

[185] Quinn Robert E, Rohrbaugh John. A Competing Values Approach to Organizational Effectiveness [J]. Public Productivity Review, 1981, 5 (2).

[186] R, Färe, S, et al. Productivity changes in Swedish pharamacies 1980—1989: A non-parametric Malmquist approach [J]. Journal of Productivity Analysis, 1992.

[187] Radziwon A, Bogers M and Bilberg A. Creating and capturing value in a regional innovation ecosystem: a study of how manufacturing SMEs develop collaborative solutions [J]. International Journal of Technology Management, 2017, 75: 73 – 96.

[188] Rayna T and Striukova L. Open Innovation 2. 0: is co-creation the ultimate challenge? [J]. International Journal of Technology Management, 2016, 69 (1): 38 – 53.

[189] Rijswijk K, Klerkx L, Turner J A. Digitalisation in the new zealand agriculturalknowledge and innovation system: initial understandings and emerging organisational responses to digital agriculture [J]. NJAS: Wageningen Journal of Life Sciences, 2019, 90 – 91 (1): 1 – 14.

[190] Ritala P, Agouridas V, Assimakopoulos D and Gies O. Value creation and capture mechanisms in innovation ecosystems: a comparative case study [J]. International Journal of Technology Management, 2013, 63 (3): 244 – 267.

[191] Rong K, Hu G, Lin Y, et al. Understanding business ecosystem using a 6c framework in internet-of-things-based sectors [J]. International Journal of Production Economics, 2015, 159: 41 – 55.

［192］Rong K, Lin Y, Shi Y and Yu J. Linking business ecosystem lifecycle with platform strategy: a triple view of technology, application and organisation ［J］. International Journal of Technology Management, 2013, 62 (1): 75 –94.

［193］Rong K, Lin Y, Shi Y, et al. Linking business ecosystem lifecycle with platform strategy: A triple view of technology, application and organisation ［J］. International Journal of Technology Management, 2013, 62 (1): 75 –94.

［194］Schuster G and Brem A. How to benefit from open innovation? An empirical investigation of open innovation and external partnerships fostering firm capabilities in the automotive industry ［J］. International Journal of Technology Management, 2015, 69 (1): 54 –76.

［195］Shepherd M, Turner J A, Small B, et al. Priorities for science to overcome hurdles thwarting the full promise of the "digital agriculture" revolution ［J］. Journal of the Science of Food and Agriculture, 2020, 100 (14): 5083 –5092.

［196］Sjödin D, Eriksson P E and Frishammar J. Open innovation in process industries: a lifecycle perspective on development of process equipment ［J］. International Journal of Technology Management, 2015, 56 (2): 225 –240.

［197］Sjödin D, Eriksson P E and Frishammar J. Open innovation in process industries: a lifecycle perspective on development of process equipment ［J］. International Journal of Technology Management, 2011, 51: 225 –240.

［198］Smidt H J, Jokonya O. Towards a framework to implement a digital agriculture value chain in south africa for small-scale farmers ［J/OL］. Journal of Transport and Supply Chain Management, 2022, 16. Http://www. jtscm. co. za/index. php/JTSCM/article/view/746.

［199］Smith D, Alshaikh A, Bojan R, et al. Overcoming Barriers to Collaboration in an Open Source Ecosystem ［J］. Technology Innovation Management Review, 2014, 18 (1): 1 –17.

［200］Teece D J, Explicating dynamic capabilities: the nature and microfoundations of (sustainable) enterprise performance ［J］. Strategic management journal, 2007, 28 (13): 1319 – 1350.

[201] Teece D J. Business models, business strategy and innovation [J]. Long Range Planning, 2010, 43 (2): 172 – 194.

[202] Tencati A and Zsolnai L. The Collaborative Enterprise [J]. Journal of Business Ethics, 2009, 85 (3): 367 – 376.

[203] Tone K. A slacks-based measure of efficiency in data envelopment analysis [J]. European Journal of Operational Research, 2001, 130 (3): 498 – 509.

[204] Tone K. A slacks-based measure of super-efficiency in data envelopment analysis [J]. European Journal of Operational Research, 2002, 143 (1): 32 – 41.

[205] Tsatsou P, Elasluf-Calderwood S, liebenau J. Towards a taxonomy for regulatory issues in a digital business ecosystem in the EU [J]. Journal of Information Technology, 2010, 25 (3): 288 – 307.

[206] Van de Vrande V, Vanhaverbeke W and Gassmann O. Broadening the scope of open innovation: past research, current state and future directions [J]. International Journal of Technology Management, 2010, 52 (3): 221 – 235.

[207] Venkatraman N, Ramanujam V. Measurement of business performance in strategy research: A comparison of approaches [J]. Academy of management review, 1986, 11 (4): 801 – 814.

[208] Wheeler, David, and Maria Sillanpa. Including the stakeholders: The business case [J]. Long range planning, 1998: 201 – 210.

[209] Williamson P J, DE Meyer A. Ecosystem advantage [J]. California Management Review, 2012, 55 (1): 24 – 46.

[210] Xiaobao P, Wei S and Yuzhen D. Framework of open innovation in SMEs in an emerging economy: firm characteristics, network openness, and network information [J]. International Journal of Technology Management, 2013, 62 (2): 223 – 250.

[211] Yang X, Cao D, Chen J, et al. AI and iot-based collaborative busi-

ness ecosystem: a case in chinese fish farming industry [J]. International Journal of Technology Management, 2020, 82 (2): 151 – 171.

[212] Zahra S A and Nambisan S. Entrepreneurship and strategic thinking in business ecosystems [J]. Business Horizons, 2012, 55: 219 – 229.

[213] Zhang X, Ding L, Chen X. Interaction of Open Innovation and Business Ecosystem [J]. International Journal of u- and e-Service, Science and Technology, 2014, 7 (1).